21世纪普通高校计算机公共课程规划教材

C语言程序设计学习指导

邢振祥　戴春霞　主编

U0310417

清华大学出版社

北京

内 容 简 介

本书是《C语言程序设计》的配套教材,包括两大部分内容:习题解答和实验指导。习题解答包括与教材配套的习题解答和解析、大量的练习与答案,以帮助读者巩固各章节知识点;实验指导共有 9 个实验,每个实验内容又分为基础型实验、设计型实验和提高型实验,供不同程度的读者选做,在每个实验中还包括实验指导:设计分析、操作指导和常见问题分析,以帮助读者更好地理解实验内容,高质量地完成实验;最后给出了实验思考题。

本书针对非计算机专业初学者的特点编写,适合各类教学应用型大学在校学生作为 C 语言程序设计课程的教学辅导书使用,也适合参加全国计算机等级考试二级 C 语言的考生作为学习参考书使用。

图书在版编目(CIP)数据

C 语言程序设计学习指导/刑振祥,戴春霞主编. —北京:清华大学出版社,2013.3(2020.1重印)
(21 世纪普通高校计算机公共课程规划教材)
ISBN 978-7-302-31269-7

Ⅰ. ①C… Ⅱ. ①刑… Ⅲ. ①C 语言－程序设计－高等学校－教学参考资料 Ⅳ. ①TP312

中国版本图书馆 CIP 数据核字(2013)第 008180 号

责任编辑:付弘宇 薛 阳
封面设计:何凤霞
责任校对:李建庄
责任印制:李红英

出版发行:清华大学出版社
　　　　网　　　址:http://www.tup.com.cn,http://www.wqbook.com
　　　　地　　　址:北京清华大学学研大厦 A 座　　　　　　　邮　　编:100084
　　　　社 总 机:010-62770175　　　　　　　　　　　　　　邮　　购:010-62786544
　　　　投稿与读者服务:010-62776969,c-service@tup.tsinghua.edu.cn
　　　　质量反馈:010-62772015,zhiliang@tup.tsinghua.edu.cn
　　　　课件下载:http://www.tup.com.cn,010-62795954
印 装 者:清华大学印刷厂
经　　销:全国新华书店
开　　本:185mm×260mm　　印　张:13.75　　　　　字　　数:339 千字
版　　次:2013 年 3 月第 1 版　　　　　　　　　　　印　　次:2020 年 1 月第 9 次印刷
印　　数:13401~16400
定　　价:25.00 元

产品编号:049573-01

出 版 说 明

随着我国改革开放的进一步深化,高等教育也得到了快速发展,各地高校紧密结合地方经济建设发展需要,科学运用市场调节机制,加大了使用信息科学等现代科学技术提升、改造传统学科专业的投入力度,通过教育改革合理调整和配置了教育资源,优化了传统学科专业,积极为地方经济建设输送人才,为我国经济社会的快速、健康和可持续发展以及高等教育自身的改革发展做出了巨大贡献。但是,高等教育质量还需要进一步提高以适应经济社会发展的需要,不少高校的专业设置和结构不尽合理,教师队伍整体素质亟待提高,人才培养模式、教学内容和方法需要进一步转变,学生的实践能力和创新精神亟待加强。

教育部一直十分重视高等教育质量工作。2007年1月,教育部下发了《关于实施高等学校本科教学质量与教学改革工程的意见》,计划实施“高等学校本科教学质量与教学改革工程(简称‘质量工程’)”,通过专业结构调整、课程教材建设、实践教学改革、教学团队建设等多项内容,进一步深化高等学校教学改革,提高人才培养的能力和水平,更好地满足经济社会发展对高素质人才的需要。在贯彻和落实教育部“质量工程”的过程中,各地高校发挥师资力量强、办学经验丰富、教学资源充裕等优势,对其特色专业及特色课程(群)加以规划、整理和总结,更新教学内容、改革课程体系,建设了一大批内容新、体系新、方法新、手段新的特色课程。在此基础上,经教育部相关教学指导委员会专家的指导和建议,清华大学出版社在多个领域精选各高校的特色课程,分别规划出版系列教材,以配合“质量工程”的实施,满足各高校教学质量和教学改革的需要。

本系列教材立足于计算机公共课程领域,以公共基础课为主、专业基础课为辅,横向满足高校多层次教学的需要。在规划过程中体现了如下一些基本原则和特点。

(1) 面向多层次、多学科专业,强调计算机在各专业中的应用。教材内容坚持基本理论适度,反映各层次对基本理论和原理的需求,同时加强实践和应用环节。

(2) 反映教学需要,促进教学发展。教材要适应多样化的教学需要,正确把握教学内容和课程体系的改革方向,在选择教材内容和编写体系时注意体现素质教育、创新能力与实践能力的培养,为学生知识、能力、素质协调发展创造条件。

(3) 实施精品战略,突出重点,保证质量。规划教材把重点放在公共基础课和专业基础课的教材建设上;特别注意选择并安排一部分原来基础比较好的优秀教材或讲义修订再版,逐步形成精品教材;提倡并鼓励编写体现教学质量和教学改革成果的教材。

(4) 主张一纲多本,合理配套。基础课和专业基础课教材配套,同一门课程有针对不同层次、面向不同专业的多本具有各自内容特点的教材。处理好教材统一性与多样化,基本教材与辅助教材、教学参考书,文字教材与软件教材的关系,实现教材系列资源配套。

(5) 依靠专家,择优选用。在制定教材规划时要依靠各课程专家在调查研究本课程教材建设现状的基础上提出规划选题。在落实主编人选时，要引入竞争机制，通过申报、评审确定主题。书稿完成后要认真实行审稿程序，确保出书质量。

繁荣教材出版事业，提高教材质量的关键是教师。建立一支高水平教材编写梯队才能保证教材的编写质量和建设力度，希望有志于教材建设的教师能够加入到我们的编写队伍中来。

21 世纪普通高校计算机公共课程规划教材编委会

联系人：魏江江 weijj@tup.tsinghua.edu.cn

前　言

　　"C语言程序设计"课程被许多高校列为程序设计课程的首选。通过该课程的学习,学生不仅要掌握高级程序设计语言的理论知识,更重要的是在实践中逐步掌握程序设计的思想和方法,培养问题求解和程序设计语言的应用能力。

　　C语言程序设计是一门实践性很强的课程。该课程的学习必须通过大量的编程训练与实践,在实践中掌握C语言的理论知识,培养程序设计的基本能力。

　　为了配合"C语言程序设计"课程的学习,作者特地组织了教学和实验教学经验丰富的老师编写了这本书。全书共包括两大部分:习题解答和实验指导。习题解答包括与教材配套的习题解答和解析、大量的练习与答案,以帮助读者巩固各章节知识点;实验指导共有9个实验,每个实验内容又分为基础型实验、设计型实验和提高型实验,供不同程度的读者选做,在每个实验中还包括实验指导:设计分析、操作指导和常见问题分析,以帮助读者更好地理解实验内容,高质量地完成实验;最后给出了实验思考题。

　　本书由天津城市建设学院的邢振祥教授、戴春霞副教授担任主编。其中第1章和第5章习题解答、实验1和实验4由刘琦编写,第2章和第3章习题解答、实验2由李耀芳编写,第4章和第10章习题解答、实验3和实验9由高晗编写,第6章习题解答、实验5由戴华林编写,第7~9章习题解答、实验6~实验8由戴春霞编写,全书由彭慧卿负责统稿,邢振祥教授、孙莹光副教授审阅了全书并提出了宝贵意见。

　　在本书编写过程中,编者参考了大量有关C语言程序设计的书籍和资料,在此对这些参考文献的作者表示感谢。

　　由于作者水平有限,书中不足之处在所难免,敬请广大读者批评指正。

目　录

第 1 部分　习 题 解 答

第 2 部分 实 验 指 导

第 1 部分

习 题 解 答

第1章 C 语言概述

1.1 本 章 要 点

C 语言数据类型丰富,运算符灵活多样,用它编写的程序结构良好,可读性强,可移植性好,执行效率高。它既具有高级语言的简单易用性,又具有汇编语言的直接操作硬件的大部分功能,因而在应用软件、系统软件的开发中,得到了广泛的应用,C 语言是目前最具影响的程序设计语言之一。

1. 程序与程序设计语言

程序是用计算机语言描述的某一问题的解决步骤,是符合一定语法规则的符号序列。它的编制必须借助程序设计语言来完成。

程序设计就是把解题步骤用程序设计语言描述出来的工作过程。程序设计一般包含以下几个步骤:①问题分析;②算法设计;③编写源代码程序;④调试和运行程序。

程序设计语言就是用户用来编写程序的语言,根据程序设计语言与计算机硬件的联系程度分为机器语言、汇编语言和高级语言三类。C 语言属于高级语言,它既可以编写系统软件,也可以编写应用软件。

2. C 语言的特点

C 语言是一种简明而功能强大的程序设计语言,它语言简洁、灵活;程序格式书写自由,关键字简练,源程序短,编辑程序的工作量比较少;C 语言具有丰富的运算符,使源程序精练,生成的代码质量高,运行速度快;数据类型丰富,能实现各种复杂的运算,尤其是指针类型数据,使程序更加灵活、多样;语法限制不是很严格,对变量类型的使用比较灵活;C 语言可以直接访问物理地址和计算机硬件,能进行位操作,可以实现汇编语言的很多功能,具有高级语言和低级语言的双重功能,可以用来编写系统软件;C 语言编写的程序可移植性好。

3. C 程序的结构特点

C 语言是模块化的程序设计语言,由 C 语言编写的源程序由许多函数组成,必须有一个main 函数,而且只能有一个 main 函数。程序从 main 函数开始执行,在 main 函数中结束。函数包括函数首部和函数体,函数体必须放在"{}"中。

C 语言的程序可以调用本文件或其他源文件的函数,函数之间可以相互调用,但一般函数不能调用 main 函数。一个 C 语言程序可以由多个源文件组成,便于合作开发。

C 语言的一条语句既可以放在一行,也可以放在多行;C 语言程序的一行也可以放多条语句。C 语言的语句都要用";"作为结束。

为便于 C 语言程序的维护和帮助人们阅读,C 语言的关键语句应该有注释,注释部分必须用"/＊"和"＊/"括起来,并且"/"和"＊"之间不能有空格,编译程序在编译时会忽略"/＊"和"＊/"之间的内容。

C 语言区分大小写,因此,在使用大小写字母时应特别注意。

4. 程序设计风格

程序设计风格指的是编写程序的风格。良好的程序书写风格主要有:选用有实际意义的标识符作为变量名;习惯用小写字母,大小写要严格区分;使用 Tab 键缩进;{}对齐;常用锯齿形书写格式;有足够的注释;最好一行一条语句等。

5. C 语言编译环境

一个 C 语言程序必须经过编辑、编译、连接及执行才能完成上机过程。

编辑:选择适当的编辑程序,将 C 语言源程序通过键盘输入到计算机中,并以文件的形式存入磁盘中(.c)。

编译:即将源程序"翻译"成机器语言程序的过程。编译出来的程序称为目标程序(.obj)。

连接:编译后生成的目标文件经过连接后生成最终的可执行程序(.exe)。

执行:把可执行文件从外存调入计算机的内存,并由计算机完成该程序预定的功能。

1.2 习 题 解 答

一、单项选择题

1. 以下叙述正确的是(C)。

    A. C 语言比其他语言高级

    B. C 语言可以不用编译就能被计算机识别执行

    C. C 语言的表达形式接近英语国家的自然语言和数学语言

    D. C 语言出现的最晚、具有其他语言的一切优点

2. 以下说法正确的是(C)。

    A. C 语言程序总是从第一个函数开始执行

    B. 在 C 语言程序中,要调用的函数必须在 main 函数中定义

    C. C 语言程序总是从 main 函数开始执行

    D. C 语言程序中的 main 函数必须放在程序的开始部分

解析:C 语言程序总是从 main 函数开始执行,而不论其在程序中的位置。当 main 函数执行完毕时,即程序执行完毕。除 main 函数外,其他函数都是在执行 main 函数时被调用执行的。在 C 语言中,函数不允许嵌套定义。习惯上,将 main 函数放在最前面,但并不是必须的。因此,选项 C 的叙述是正确的。

3. 以下叙述不正确的是(D)。

    A. 一个 C 源程序可由一个或多个函数组成

    B. 一个 C 源程序必须包含一个 main 函数

    C. C 程序的基本组成单位是函数

    D. 在 C 程序中,注释说明只能位于一条语句的后面

解析:C 语言的源文件,是由若干函数组成的,函数是 C 程序的基本组成单位,在这些

函数中必须有且仅有一个 main 函数。在 C 程序中,注释可以插在任何可以插入空格的地方。因此,选项 D 的叙述是错误的。

4. 以下叙述中正确的是(A)。

A. C 程序中注释部分可以出现在程序中任意合适的地方

B. 大括号"{"和"}"只能作为函数体的定界符

C. 构成 C 程序的基本单位是函数,所有函数名都可以由用户命名

D. 分号是 C 语句之间的分隔符,不是语句的一部分

解析:选项 A,C 程序中/ * ··· * /表示注释部分,注释只是给人看的,对编译和执行不起作用,可以加在程序中任何位置。

选项 B,函数体是函数的主体,从左大括号开始,到与之匹配的右大括号结束。

选项 C,一个 C 程序中必须有且只能有一个由"main"命名的主函数,其他函数由用户自行命名。

选项 D,C 语句是组成 C 程序的基本单位,具有独立的程序功能。所有的 C 语句都以分号结尾。

因此,选项 A 的叙述是正确的。

5. 以下叙述中正确的是(B)。

A. C 语言的源程序不必通过编译就可以直接运行

B. C 语言中的每条可执行语句最终都将被转换成二进制的机器指令

C. C 语言程序经编译形成的二进制代码可以直接运行

D. C 语言中的函数不可以单独进行编译

6. (B)是 C 语言程序的基本单位。

A. 语句　　　　B. 函数　　　　C. 代码中的一行　　　　D. 以上答案都不正确

解析:一个完整的 C 语言程序由一个且仅由一个 main 函数和若干个其他函数组合而成。特殊情况下,一个 C 语言程序也可以仅由一个 main 函数构成。因此,选项 B 是正确的。

7. C 语言源文件的扩展名是(A),经过编译连接后生成的可执行程序文件的扩展名是(A)。

A. c,exe　　　　B. cpp,dsp　　　　C. c,obj　　　　　　D. cpp,obj

解析:C 语言的源文件通常是以扩展名为.c 的文件存储,与源文件.c 相对应的可执行文件是.exe。因此,选项 A 是正确的。

8. 一个最简单的 C 程序至少应包含一个(C)。

A. 用户自定义函数　　　　　　B. 语句

C. main 函数　　　　　　　　　D. 编译预处理命令

解析:C 语言的源程序,是由若干函数组成的。在这些函数中必须有一个并且只能有一个 main 函数。main 函数可以出现在程序中的任意位置,但程序的执行总是从 main 函数开始。因此,选项 C 是正确的。

二、简答题

1. 什么是程序? 什么是程序设计?

答:程序是用计算机语言描述的某一问题的解决步骤,是符合一定语法规则的符号序

列。程序设计是把解题步骤用程序设计语言描述出来的工作过程。

2. 汇编语言与高级语言有什么区别?

答:汇编语言对机器的依赖性大,人们在使用它们设计程序时,要求对机器比较熟悉。用它们开发的程序通用性差,普通的计算机用户也很难胜任这一工作。高级语言与具体的计算机硬件无关,其表达方式更接近人类自然语言的表述习惯。具有很强的通用性,可移植性好。

3. 简要介绍 C 语言的特点。

答:C 语言是一种结构化程序设计语言。它层次清晰,便于按模块化方式组织程序,易于调试和维护。C 语言的表现能力和处理能力极强。它不仅具有丰富的运算符和数据类型,便于实现各类复杂的数据结构,还可以直接访问内存的物理地址,进行位操作。由于 C 语言实现了对硬件的编程操作,因此 C 语言集高级语言和低级语言的功能于一体。既可用于系统软件的开发,也适合于应用软件的开发。此外,C 语言还具有效率高,可移植性强等特点。因此广泛地移植到了各类型计算机上,从而形成了多种版本的 C 语言。

4. 程序设计有哪些主要步骤?

答:

1)问题分析

通过对问题的分析,以便确定在解决这个问题过程中要做些什么。

2)算法设计

在弄清要解决的问题之后,就要考虑如何解决它,即如何做。

(1)确定数据结构。

根据任务提出的要求、指定的输入数据和输出结果,确定存放数据的数据结构。

(2)确定算法。

针对设计好的存放数据的数据结构考虑如何进行操作以获得问题的结果,即确定解决问题、完成任务的步骤。

3)编写源代码程序

根据确定的数据结构和算法,使用选定的程序设计语言编写程序代码,简称编程。

4)调试和运行程序

通过对程序的调试和测试,使之对各种合理的数据都能得到正确的结果,对不合理的数据能进行适当的处理。

5. 叙述一个 C 程序的构成。

答:

(1)一个 C 语言源程序可以由一个或多个源文件组成。

(2)每个源文件可由一个或多个函数组成。

(3)一个源程序不论由多少个文件组成,都有一个且只能有一个 main 函数。

(4)一个函数由函数说明部分和函数体构成。

6. 运行一个 C 语言程序的一般过程是什么?

答:运行一个 C 语言程序的一般过程如下。

(1)启动 VC++ 6.0,进入 VC++ 6.0 集成环境。

(2)编辑:将 C 语言源程序通过键盘输入到计算机中,并以文件的形式存入到磁盘中(.c)。

（3）编译：将源程序翻译成机器语言程序的过程。编译出来的程序称为目标程序（.obj）。

如果编译成功，则可进行下一步操作；否则，返回"编辑"步骤修改源程序，再重新编译，直至编译成功。

（4）连接：编译后生成的目标文件经过连接后生成最终的可执行程序（.exe）。如果连接成功，则可进行下一步操作；否则，根据系统的错误提示，进行相应修改，再重新连接，直至连接成功。

（5）执行：通过观察程序运行结果，验证程序的正确性。如果出现逻辑错误，则必须返回第（2）步修改源程序，再重新编译、连接和执行，直至程序正确。

（6）退出 VC++ 集成环境，结束本次程序运行。

三、程序设计题

1. 编写一个程序，输出"How are you."，并上机运行。

参考程序如下：

```
#include<stdio.h>
void main()
{
    printf("How are you.\n");
}
```

2. 参照本章例 1.1 编写程序，使其输出结果为：

```
        *
       ***
      *****
     *******
```

参考程序如下：

```
#include<stdio.h>
void main()
{
    printf("    *    \n");
    printf("   ***   \n");
    printf("  *****  \n");
    printf(" ******* \n");
}
```

第 2 章 C 语言基本数据类型、运算符及表达式

2.1 本章要点

本章主要介绍了 C 语言使用的标识符、运算符及表达式和几种基本数据类型：整型、实型和字符型，详细介绍了整型、实型和字符型的常量、变量定义格式以及使用这些类型数据进行的几种运算。

1. 标识符定义原则

（1）标识符只能由字母、数字、下划线组成。

（2）标识符首字符不能是数字。

（3）长度不能超过 255 个字符。

（4）自己定义的标识符不能和系统关键字、本程序中的函数重名。

2. 数据类型

C 语言数据类型众多，本章介绍了几种基本数据类型：整型、实型、字符型，并且介绍了各种数据类型的常量和变量。

1）常量

整型常量包括十进制常量、八进制常量和十六进制常量，十进制常量以非零开头，由数字 0~9 组成；八进制常量以零开头，由数字 0~7 组成；十六进制常量以 0x 或 0X 开头，由数字 0~9、A~F 组成。

实型常量只有十进制形式，有两种写法：十进制形式和指数形式，指数形式为 aEn，其中 n 为整型数据，a 为十进制实数（a、n 不可省略）。

字符型常量是由一对单引号括起来的单个字符，另外还包括一些转义字符，例如 '\n'、'\120'、'\b' 等。

字符串常量是由一对双引号括起来的字符序列（例如 "abc"），要和字符常量区分开，'a' 和 "a" 是两个不同的常量。

2）变量

整型变量类型包括 int、short [int]、long [int]，这几种整型变量类型又分为有符号和无符号两种，默认为有符号整型，在每种类型之前加上关键字 unsigned 即为无符号型。每种数据类型能够存储的数据范围不同，读者可根据变量的数据大小选择合适的数据类型。

实型变量包括 float、double、long double 几种，用来存储实数，其中 float 类型的数据有效位数为 6~8 位，double 类型的数据有效位数为 15、16 位。

字符型变量定义的关键字为 char，C 语言中没有字符串类型，字符串使用字符数组表示，这在后面的章节会详细介绍。

变量的定义方式为：

数据类型 变量 1,变量 2,…,变量 n

3. C 语言运算符和表达式

C 语言运算符很多,本章学习了其中的算术运算符、赋值运算符以及位运算符的使用方法。

算术运算符和在中学阶段学习的大同小异,只是在使用除法"/"和求余"％"运算符时需要特别注意:在 C 语言中两个整型数据相除结果也为整型,求余运算的操作数只能是整型数据,否则出错。

赋值运算表达式的一般形式为:变量＝表达式,赋值运算符"＝"左侧只能是单个变量,不能是常量或表达式。可以给变量连续赋值,但是在定义变量的时候不能够连续赋值,例如:

int a,b,c;

a＝b＝c＝9;是正确的连续赋值语句。

但是这样写:int a＝b＝c＝9 错误。

位运算是 C 语言的一种特殊运算功能,它是以二进制位为单位进行运算的。利用位运算可以完成汇编语言的某些功能,如置位、位清零、移位等。

4. 混合数据类型运算规则

不同类型混合运算时系统自动转换的规律概括如下。

(1) 精度低的数据类型转换为精度高的数据类型。

(2) 字符型(char)和短整型(short)必须先转换成整型(int)。

(3) 类型转换的优先级:double←long←unsigned←int。

(4) 在赋值时,若变量和右侧表达式类型不一致,则表达式转换为变量的类型。

2.2 习 题 解 答

一、单项选择题

1. 合法的字符常量是(　A　)。

　　A. '\t'　　　　　　B. "A"　　　　　C. 'ab'　　　　　D. '\832'

解析:选项 B 是字符串常量,错误;选项 C 包含两个字符,错误;选项 D 的字符是\ddd 形式的转义字符,每个 d 应该是八进制数据,而 8 不是八进制,错误。

2. C 语言中的标识符只能由字母、数字和下划线三种字符组成,且第一个字符(　C　)。

　　A. 必须为字母　　　　　　　　　　B. 必须为下划线

　　C. 必须为字母或下划线　　　　　　D. 可以是字母、数字和下划线中的任一字符

3. 以下均是 C 语言的合法常量的选项是(　B　)。

　　A. 089、－026、0x123、e1　　　　　B. 044、0x102、13e－3、－0.78

　　C. －0x22d、06f、8e2.3、e　　　　D. .e7、0xffff、12％、2.5e1.2

解析:选项 A 中,089 以 0 开头,是八进制数,但是 8 和 9 都不是八进制数;e1 中缺少数据部分(底数),所以选项 A 错误。

选项 C 中,06f 不正确,以 0 开头是八进制数,而 f 不是八进制数;8e2.3 中 e 后面的指数应该是整数,不能是实数;e 更是错误,前后都没有数字,这是个变量,所以选项 C 错误。

选项 D 中,.e7 的 e 之前应该有确切的数字;没有 12% 这样的常量;2.5e1.2 的指数部分应为整数,所以选项 D 错误。

4. 在以下各组标识符中,合法的标识符是(D)。

    A. B01   table_1   0_t   k%

    B. Fast_   void   pbl   < book >

    C. xy_   longdouble   * p   CHAR

    D. sj   Int   _xy   w_y23

解析:选项 A 中,0_t 不是合法的标识符,标识符首字符应为字母或下划线,k% 包含特殊字符;选项 B 中,void 是 C 语言的关键字,< book >含有特殊字符;选项 C 中,* p 包含特殊字符;选项 D 正确。

5. 下列选项中,均是合法浮点数的是(C)。

    A. +1e+1   -.60   123e   -e3

    B. 5e-9.4   12e-4   1.2e-.4 .8e-4

    C. 3e2   -8e5   +2e-1 5.1e-2

    D. .123e5   e7   .e-9   12e1

解析:选项 A 中,123e 不合法,e 后面的指数部分不能为空,-e3 也不合法,e 之前的数据部分不能为空;选项 B 中,5e-9.4 不合法,指数部分应为整数,1.2e-.4 不合法,指数部分-.4 是-0.4,这是实数;选项 C 中,3e2 的数据部分是十进制数 3,合法;选项 D 中,e7 缺少数据部分,而.e-9 数据部分不正确,所以 D 错误。

6. 在 C 语言中,要求参加运算的数必须是整数的运算符是(C)。

    A. /   B. *   C. %   D. =

解析:除法运算符"/"要求有两个操作数,可以是实数或整数,若是整数则相除结果也为整数;乘法运算符"*"的两个操作数不限定类型,可以是实数或整数;求余运算符"%"要求两个操作数必须是整型数据,否则出错。

7. 在 C 语言中,字符型数据在内存中以(D)形式存放。

    A. 原码   B. BCD 码   C. 反码   D. ASCII 码

8. (D)是非法的 C 语言转义字符。

    A. '\b'   B. '\x1f'   C. '\037'   D. "\"

解析:选项 A 是退格字符,选项 B 是\xhh 形式的转义字符,选项 C 是\ddd 形式的转义字符,选项 D 是字符串,不是字符。

9. 与代数式 (x * y)/(u * v) 不等价的 C 语言表达式是(A)。

    A. x * y/u * v   B. x * y/u/v   C. x * y/(u * v)   D. x/(u * v) * y

解析:乘法"*"和除法"/"优先级相同,计算规则是左结合,即一个表达式中含有乘法和除法而又没有括号时,从左往右运行,所以选项 A 中,实际是 x * (y/u) * v,这里,v 在分子的位置,与题目不同。

10. 在 C 语言中,数字 029 是一个(D)。

    A. 八进制数   B. 十六进制数   C. 十进制数   D. 非法数

解析：题目中的数字以 0 开头，C 语言中只有八进制以 0 开头，这是一个八进制数的形式，但是 9 又不是八进制数字，所以这个数不是八进制数，是一个非法数字。

11. 对于 char cx＝'\039';语句，正确的是（　A　）。

    A. 不合法   B. cx 的 ASCII 值是 33

    C. cx 的值为 4 个字符   D. cx 的值为三个字符

解析：根据题目，这个字符是一个\ddd 形式的字符，代表由 1～3 位八进制数组成的数字所代表的字符，题目中 039 不是八进制数，非法。

12. 假定 x 和 y 为 double 型，则表达式 x＝2,y＝x＋3/2 的值是（　D　）。

    A. 3.500000   B. 3   C. 2.000000   D. 3.000000

解析：3/2 结果为 1，这是因为 3 和 2 都是整数常量，除法结果也是整数（除去小数部分，不四舍五入），x 是 double 类型，和 1 相加结果也为 double 类型 3.0，y 也是 double 类型，所以结果 y 的值为 3.000000。

13. 设变量 n 为 float 型，m 为 int 类型，则以下能实现将 n 中的数值保留小数点后两位，第三位进行四舍五入运算的表达式是（　B　）。

    A. n＝(n＊100＋0.5)/100.0   B. m＝n＊100＋0.5,n＝m/100.0

    C. n＝n＊100＋0.5/100.0   D. n＝(n/100＋0.5)＊100.0

解析：可以取一个实际数据验算，例如 n＝12.34678,n＊100＋0.5 是 1235.178。

选项 A 中，这个数字和 100.0 进行除法运算，结果为 12.35178，没有保留两位小数。

选项 B 中，将 1235.178 赋给 m，m 是整型，所以除去小数部分，m 为 1235，再将 m 和 100.0 进行除法运算为 12.35 赋值给 n，结果正确。

选项 C 和 D，读者可以自行验算，或者任取一个实数代入 m、n 进行验算。

14. 以下合法的赋值表达式是（　A　）。

    A. x＝y＝100   B. d--

    C. x＋y   D. c＝int(a＋b)

解析：选项 A 是连续赋值语句，将 100 赋给 x、y 两个变量。选项 B 是自减运算，选项 C 是加法运算，选项 D 中强制类型转换有错误，应该将 int 用括号括起来，所以 D 不对。

15. 以下选项中不属于 C 语言的类型是（　D　）。

    A. signed short int   B. unsigned long int

    C. unsigned int   D. long short

解析：整型类型基本关键字是 int，其他整型如 short long 等在说明时都省略了 int，例如短整型为 short [int]，长整型为 long [int]，这些类型之前加上 unsigned 关键字即为无符号型，不加默认为有符号。

选项 D 的 long 和 short 是两个类型的说明符，不能放在一起，故选项 D 错误。

16. 以下能正确定义变量 m、n，并且它们的值都为 4 的是（　D　）。

    A. int m＝n＝4;   B. int m，n＝4;

    C. m＝4,n＝4;   D. int m＝4,n＝4;

解析：不能在定义变量时连续赋值，故选项 A 错误；选项 B 中仅给 n 赋值，m 没有赋值，所以不正确；选项 C 没有定义变量，错误。

17. 若变量均已正确定义并赋值，以下合法的 C 语言赋值语句是（　A　）。

C 语言基本数据类型、运算符及表达式

A．x＝y＝5； 　　　　　B．x＝n％2.5；

C．x＋n＝i； 　　　　　D．x＝5＝4＋1；

解析：选项 A 是连续赋值语句，正确；选项 B 中，求余运算需要两个操作数都为整数，故 B 错误；选项 C 中，因为赋值符号左侧只能为单个变量，不能是运算表达式，所以 C 错误；选项 D 中，因为该连续赋值语句运行时，首先执行右侧赋值即 5＝4＋1，赋值运算左侧只能是变量，不能为常量，选项 D 错误。

18. 若有定义语句：int x＝12,y＝8,z；，在其后执行语句 z＝0.9＋x/y；，则 z 的值为（ B ）。

A．1.9 　　　B．1 　　　C．2 　　　D．2.4

解析：首先计算 x/y，而 x 和 y 都是 int 整型，所以结果取 12 除以 8 的整数部分，即 1，再计算 1＋0.9＝1.9，将结果 1.9 赋值给 z，而 z 也是 int 类型，所以取 1.9 的整数部分赋给 z。

二、阅读程序，以下程序的输出结果是_____。

```
# include < stdio.h>
void main ()
{
    char c1 = 'a',c2 = 'b',c3 = 'c',c4 = '\101',c5 = '\116';
    printf("a%c b%c\tc%c\tabc\n",c1,c2,c3);
    printf("\t\b%c %c",c4,c5);
}
```

答案：（□为空格）

　　aabb□□□□cc□□□□□□□abc

　　AN

2.3　练习与答案

单项选择题

1. 下面 4 个选项中，均是不合法的浮点数的选项是（ 　　 ）。

A．160. 　　　B．123 　　　C．-.18 　　　D．-e3

0.12 　　　2e4.2 　　　123e4 　　　.234

e3 　　　.e5 　　　0.0 　　　1e3

2. 请选出可用作 C 语言用户标识符的一组标识符（ 　　 ）。

① void 　　　② a3_b3 　　　③ For 　　　④ 2a

define 　　　_123 　　　_abc 　　　DO

WORD 　　　IF 　　　case 　　　sizeof

A．① 　　　B．② 　　　C．③ 　　　D．④

3. 下面 4 个选项中，均是合法的浮点数的选项是（ 　　 ）。

A．＋1e＋1 　　　B．-.60 　　　C．123e 　　　D．-e3

5e-9.4 　　　12e-4 　　　1.2e-.4 　　　.8e-4

03e2 　　　-8e5 　　　＋2e-1 　　　5.e-0

4. 以下所列的 C 语言常量中,错误的是(   )。

    A. 0xFF   B. 1.2e0.5   C. 2L   D. '\72'

5. 若变量已正确定义并赋值,下面符合 C 语言语法的表达式是(   )。

    A. a:＝b＋1   B. a＝b＝c＋2   C. int 18.5％3   D. a＝a＋7＝c
＋b

6. 若已定义 x 和 y 为 double 类型,则表达式 x＝1,y＝x＋3/2 的值是(   )。

    A. 1   B. 3   C. 2.0   D. 2.5

7. 设有说明语句:char a＝'\72';则变量 a(   )。

    A. 包含三个字符   B. 包含两个字符

    C. 包含一个字符   D. 说明不合法

8. 以下列出的 C 语言常量中,错误的是(   )。

    A. OxFF   B. '\73'   C. 2L   D. 1.2e0.5

9. 以下变量 x、y、z 均为 double 类型且已正确赋值,不能正确表示数学式 x/(y＊z)的 C
语言表达式是(   )。

    A. x/y＊z   B. x＊(1/(y＊z))

    C. x/y＊1/z   D. x/y/z

10. 若有定义语句:int a＝10;double b＝3.14;,则表达式 'A'＋a＋b 值的类型是(   )。

    A. char   B. int   C. double   D. float

11. 已知 ch 是字符变量,下面正确的赋值语句是(   )。

    A. ch＝'123';   B. ch＝'\x123';   C. ch＝'\08';   D. ch＝'a';

12. 已知 ch 是字符变量,下面不正确的赋值语句是(   )。

    A. ch＝'a＋b';   B. ch＝'\0';   C. ch＝'7'＋'9'   D. ch＝5＋9;

13. 设 x,y 均为 float 型变量,则以下不合法的赋值语句是(   )。

    A. x＋1＝5.0;   B. y＝((int)x％2)/10;

    C. x＝y＋8;   D. x＝y＝0;

练习参考答案

单项选择题

1. B   2. B   3. B   4. B   5. B   6. C   7. C   8. D   9. A   10. C   11. D   12. A
13. A

第 3 章　简单程序设计

3.1　本章要点

本章简要介绍了算法的概念、算法的表示方法、结构化程序设计方法和 C 语句的基本类型，并重点介绍了 C 语言的基本输入输出函数的使用，主要内容如下：

（1）算法的概念：为解决一个问题而采取的方法和步骤，称为"算法"。对于要解决的问题，可以使用算法来描述出解决问题的方法，然后再编写代码。算法描述常用的有三种方法：自然语言描述、传统流程图和 N-S 流程图。

（2）结构化程序设计的思想是：任何程序都可以用三种基本结构表示，即顺序结构、选择结构和循环结构。由这三种基本结构经过反复嵌套构成的程序称为结构化程序。

（3）C 语言的语句可分为以下 5 类：表达式语句、函数调用语句、控制语句、复合语句、空语句。要充分理解"复合语句是一个语句组，但在语法上被视为一条语句"这句话的含义。这里要注意空语句，由一个分号组成，经常被用到空循环体中。

（4）数据的输入与输出。

① 格式输出函数 printf

一般形式：

printf("输出格式字符串",输出表列)

输出数据时，要根据要输出数据的类型选择恰当的输出格式符，原则上不可用%d 格式输出实数，也不可使用%f 格式输出整型数据。printf 的输出规则是：将输出格式字符串的内容从左往右依次输出，格式控制字符和数据表列的数据一一对应，其他字符按原样输出。

下面是几种常用的 printf 格式控制字符。

%md：经常用来输出多个数据，达到间隔数据的目的。

%m.nf：用来限定输出的实数保留几位小数，然后对数据四舍五入之后输出。

② 格式输入函数 scanf

一般形式：

scanf("输入格式字符串",输入表列)

需要从键盘输入数据赋值给变量时，使用 scanf 函数，要根据变量的数据类型选择适当的格式控制字符，例如，输入数据给整型变量 int，要使用%d，而输入数据给 float 型变量，要使用%f 格式，使用 double 类型输入数据，要使用%lf 格式，不能交叉使用，否则会出错。

运行程序时，数据的输入方法是：输入字符串的数据，从左往右依次输入，其中格式字符需要输入对应类型的数据,其他字符原样输入,而且要特别注意 scanf 的格式串中最好不要加转义字符'\n'。

以下是常用的 scanf 使用方法。

```
scanf("%d%d",&ia,&ib);      /* ia、ib 都是 int 类型变量,输入时使用空格或回车间隔数据 */
scanf("%f,%f",&f1,&f2);     /* f1、f2 是 float 类型变量,输入时使用逗号间隔数据 */
scanf("%lf",&d1);           /* d1 是 double 类型变量 */
```

③ 字符输入输出函数 getchar、putchar

getchar 函数的使用方法为:变量=getchar(),功能是从键盘输入一个字符赋值给变量;或直接使用 getchar();,功能是从键盘输入一个字符,而不赋值给任何变量。

putchar 函数用来输出一个字符,使用方法为 putchar(char),例如:

```
putchar('A');               /* 输出字符'A' */
putchar(67);                /* 输出 ASCII 码值是 67 的字符'c' */
putchar(a);                 /* 输出字符变量 a 存储的字符 */
```

(5)顺序结构程序设计是三种基本结构的一种,其执行方法是从上至下依次执行每一条语句。

3.2 习 题 解 答

一、单项选择题

1. 若有语句:int a,b,c;

则下面输入语句正确的是(C)。

A. scanf("%D%D%D",a, b, c);   B. scanf("%d%d%d",a,b,c);

C. scanf("%d%d%d",&a,&b,&c);   D. scanf("%D%D%D",&a,&b,&c);

解析:%d 不能写成大写形式%D,所以 A 和 D 错误,选项 B 中,变量没加上地址符,地址列表错误。

2. 有以下程序:

```
void main()
{
    int a = 0,b = 0;
    a = 10;                    /* 给 a 赋值 */
    b = 20;                    /* 给 b 赋值 */
    printf("a+b= %d\n",a+b);   /* 输出计算结果 */
}
```

程序运行后的输出结果是(B)。

A. a+b=10   B. a+b=30   C. 30   D. 出错

解析:输出语句规则是:除了格式符和转义字符外,其他字符原样输出,所以输出"a+b="几个字符,遇到格式符后,要去数据列表查找数据输出,输出 a+b=30。

3. 以下程序段的输出结果是(A)。

```
int a = 1234;
```

```
printf("%3d\n",a);
```

    A. 1234   B. 123   C. 34   D. 提示出错,无结果

解析:这是输出格式%md形式,当数据宽度< m 时,左补空格,反之全部输出。

4. 设变量均已正确定义,若要通过 scanf("%d%c%d%c",&a1,&c1,&a2,&c2);语句为变量 a1 和 a2 赋值 10 和 20,为变量 c1 和 c2 赋字符 X 和 Y。以下所示的输入形式中正确的是(B)。

    A. 10□X□20□Y↙   B. 10X20Y↙

    C. 10□X↙   D. 10X↙

      20□Y↙   20□Y↙

解析:使用%c格式输入数据时,输入的空格或回车均作为有效数据给字符变量赋值,而使用%d输入数据时,遇到空格或回车等字符会自动略掉,所以选项 A 中 10 后的空格会赋值给变量 c1,这样输入的赋值是:10→a1,□→c1,X→a2,□→c2;

同理,选项 C 的赋值结果是:10→a1,□→c1,X→a2,回车符→c2;

选项 D 的赋值结果是:10→a1,X→c1,20→a2,□→c2,如果选项 D 的空格符去掉也能正确赋值。

5. 已知字符'A'的 ASCII 代码值是 65,字符变量 c1 的值是'A',c2 的值是'D'。执行语句 printf("%d,%d",c1,c2-2);后,输出结果是(C)。

    A. A,B   B. A,68   C. 65,66   D. 65,68

解析:输出的两个数据 c1 和 c2-2 都是以%d格式输出,所以选项 A 和 B 均不正确。字符变量 c1 以%d输出,结果为 c1 的 ASCII 码值 65,根据字符 ASCII 码值表,'D'也就是 c2 的 ASCII 码值是 68,所以 c2-2 为 66,答案为 C 选项。

6. 若有如下语句:

```
int a;
float b;
```

以下能正确输入数据的语句是(C)。

    A. scanf("%d%6.2f",&a,&b);   B. scanf("%c%f",&a,&b);

    C. scanf("%d%f",&a,&b);   D. scanf("%d%d",&a,&b);

解析:该题考查的是不同类型变量从键盘输入数据时,scanf 的格式符是什么。scanf 的格式符不能加精度,所以选项 A 不正确;int 类型数据的格式符为%d,float 类型变量的输入格式符为%f,所以 C 正确。

7. 有如下语句:

```
int k1,k2;
scanf("%d,%d",&k1,&k2);
```

要给 k1、k2 分别赋值 12 和 34,从键盘输入数据的格式应该是(B)。

    A. 12□□34   B. 12,34

    C. 12□□,34   D. %12,%34

解析:该题考查的是根据 scanf 格式字符串的形式,从键盘应该怎样输入数据。

格式字符串的两个整数格式%d之间以逗号隔开,所以输入时,要将两个整数也以逗号

隔开,所以选项 A 错误;而逗号必须紧紧跟在数据后面,即数据和逗号之间不能有其他字符,例如空格,所以 C 错误;C 语言没有百分制常量,%会当作字符来处理,所以 D 错误。

8. 有如下语句:

```
int m = 546, n = 765;
printf("m = % 5d,n = % 6d",m,n);
```

则输出的结果是(D)。

A. m=546,n=765
B. m=546□□,n=□□□765
C. m=％546,n=％765
D. m=□□546,n=□□□765

解析:该题考查的是 printf 输出规则:遇到格式字符,则在输出数据列表中查找相应数据结果以该格式输出;遇到转义字符,输出真正的字符;其他字符原样输出。

要输出％,必须写成％％,所以选项 C 错误。

％md 的格式输出规则是:输出数据长度<m,该数据左补相差的空格,否则原样输出。所以选项 D 正确。

9. 有如下程序,输入数据25,12,14↙之后,正确的输出结果是(D)。

```
# include < stdio.h>
void main()
{
    int x,y,z;
    scanf("% d% d% d",&x,&y,&z);
    printf("x + y + z = % d\n",x + y + z);
}
```

A. x+y+z=51
B. x+y+z=41
C. x+y+z=60
D. 不确定值

解析:见第 7 题解析。输入数据和 scanf 格式字符串不匹配,不能正确赋值。

10. 有以下语句:

```
char   c1,c2;
c1 = getchar(); c2 = getchar();
putchar(c1);putchar(c2);
```

若输入为:a,b↙,则输出为(A)。

A. a,
B. a,b
C. b,a
D. b,

解析:使用 getchar 函数输入字符时,空格和逗号、回车等都作为有效字符给变量赋值,所以,赋值结果是:'a'→c1, ', '→c2。

11. 有定义:int d;double f;,要正确输入,应使用的语句是(D)。

A. scanf("％f％lf",&d,&f);
B. scanf("％ld％ld",&d,&f);
C. scanf("％ld％f",&d,&f);
D. scanf("％d％lf",&d,&f);

二、阅读程序题

1. 以下程序运行后的输出结果是 __9 20__ 。

```
# include < stdio.h>
void main()
```

```
{
    int m = 011, n = 11;
    printf("% d % d\n", m, n + m);
}
```

2. 以下程序运行时若从键盘输入：10　20　30↙，输出结果是＿＿102030＿＿。

```
# include < stdio. h>
void main()
{
    int i = 0, j = 0, k = 0;
    scanf("% d % d % d", &i, &j, &k);
    printf("% d % d % d\n", i, j, k);
}
```

3. 以下程序运行后的输出结果是＿＿88＿＿。

```
# include < stdio. h>
void main()
{
    int x = 0210;
    printf("% x\n", x);
}
```

4. 已知字母 A 的 ASCII 码为 65，以下程序运行后的输出结果是＿＿＿67 G＿＿＿。

```
# include < stdio. h>
void main()
{
    char a, b;
    a = 'A' + '5' - '3'; b = a + '6' - '2';
    printf("% d % c\n", a, b);
}
```

三、程序设计题

1. 从键盘上输入一个浮点数，将其结果保留两位小数输出。

参考程序如下：

```
# include < stdio. h>
void main()
{
    float a;
    printf("请输入一个浮点数: \n");
    scanf("% f", &a);
    printf("保留两位小数结果: %.2f\n", a);
}
```

2. 从键盘输入两个整数，计算它们的商和余数并输出。

参考程序如下：

```
# include < stdio. h>
void main()
```

```
{
    int a,b;
    printf("请输入两个整数：(以空格或回车间隔)\n");
    scanf("%d%d",&a,&b);
    printf("a/b=%d,a%%b=%d\n",a/b,a%b);
}
```

注意：本题中，输出％这个字符时，printf 函数使用了两个％。

3. 使用 printf 函数编写程序，运行时显示如下界面：

参考程序如下：

```
# include < stdio. h>
void main()
{
    printf("      ************************* \n");
    printf("      *         学生信息维护子菜单      * \n");
    printf("      *   1.新增                  * \n");
    printf("      *   2.按学号删除            * \n");
    printf("      *   3.按学号修改            * \n");
    printf("      ************************* \n");
    printf("          请选择：\n");
}
```

3.3　练习与答案

一、单项选择题

1. 以下程序的输出结果是(　　)。

```
# include < stdio. h>
void main()
{
    int k = 17;
    printf("%d,%o,%x\n",k,k,k);
}
```

　　A. 17,021,0x11　　　　B. 17,17,17　　　　C. 17,0x11,021　　　　D. 17,21,11

2. 下面程序的输出是(　　)。

```
# include < stdio. h>
void main()
{
    int x = 10,y = 3;
    printf("%d\n",y = x/y);
```

}

  A. 0   B. 1   C. 3   D. 不确定的值

 3. 若变量已正确说明为 float 类型,要通过语句 scanf("%f %f %f",&a,&b,&c); 给 a 赋予 10.0,b 赋予 22.0,c 赋予 33.0,不正确的输入形式是( )。

  A：10 ↙

   22 ↙

   33 ↙

  B：10.0,22.0,33.0 ↙

  C：10.0 ↙

   22.0 33.0 ↙

  D：10 22 ↙

   33 ↙

  A. A   B. B   C. C   D. D

 4. X、Y、Z 被定义为 int 型变量,若从键盘给 X、Y、Z 输入数据,正确的输入语句是( )。

  A. INPUT X,Y,Z;   B. scanf("%d%d%d",&X,&Y,&Z);

  C. scanf("%d%d%d",X,Y,Z);   D. read("%d%d%d",&X,&Y,&Z);

 5. 若有定义：int a,b;,通过语句 scanf("%d;%d",&a,&b);若是把整数 3 赋给变量 a,5 赋给变量 b,则正确的输入数据方式是( )。

  A. 3 5   B. 3,5   C. 3;5   D. 35

 6. 以下不能输出字符 'A' 的语句是( )(注：字符 'A' 的 ASCII 码值为 65,字符 'a' 的 ASCII 码值为 97)。

  A. printf("%c\n",'a'-32);   B. printf("%d\n",'A');

  C. printf("%c\n",65);   D. printf("%c\n",'B'-1);

 7. 有程序如下：

```
#include <stdio.h>
void main()
{
    char a,b,c,d;
    scanf("%c%c",&a,&b);
    c=getchar(); d=getchar();
    printf("%c%c%c%c\n",a,b,c,d);
}
```

 当执行程序时,按下列方式输入数据：

12 ↙

34 ↙

 则输出结果是( )。

  A. 1234   B. 12   C. 12   D. 12

                   3   34

 8. 有输入语句：scanf("a=%d,b=%d,c=%d",&a,&b,&c);,为使变量 a 的值为 1,b 为 3,c 为 2,从键盘上输入数据的正确形式应是( )。

A. 132 ↙   B. 1,3,2 ↙

C. a＝1□b＝3□c＝2 ↙   D. a＝1,b＝2,c＝3 ↙

9. 已有程序段和输入数据的形式,程序中输入语句的正确形式应当为(   )。

```
# include < stdio. h>
void main( )
{ int a;float f;printf("\nInput number:");
/ * 此处为输入语句 * /
printf("\nf = % .2f,a = % d\n",f,a);}
```

输入的数据为 4.5 ↙ 2 ↙,输出结果为 f＝4.50,a＝2。

A. scanf("%d,%f",&a,&f);   B. scanf("%f,%d",&f,&a);

C. scanf("%d%f",&a,&f);   D. scanf("%f%d",&f,&a);

10. 根据题目中已给出的数据的输入和输出形式,程序中输入输出语句的正确内容是(   )。

```
# include < stdio. h>
void main( )
{ int x;float y;
printf("enter x,y:");
      / * 此处为输入和输出语句 * /
}
```

输入为:2□3.4 输出为:x＋y＝5.40

A. scanf("%d,%f",&x,&y); printf("\nx+y=4.2f",x+y);

B. scanf("%d%f",&x,&y); printf("\nx+y=%.2f",x+y);

C. scanf("%d%f",&x,&y); printf("\nx+y=%6.1f",x+y);

D. scanf("%d%3.1f",&x,&y); printf("\nx+y=%4.2f",x+y);

二、阅读程序题

1. 阅读下面的程序,其输出结果是_____。

```
# include < stdio. h>
void main( )
{
    int i; long l; float f; double d;
    i = f = l = d = 20/3;
    printf(" % d   % ld   % 3.1f   % 3.1f\n",i,l,f,d);
}
```

2. 阅读下面的程序,其输出结果是_____。

```
# include < stdio. h>
void main( )
{
    float a;   int b;
    a = b = 24.5/5;
    printf(" % f, % d\n",a,b);
}
```

3. 阅读下面的程序,其输出结果是_____。

简单程序设计

```
#include <stdio.h>
void main()
{
    int a,b,c;   long int u,n;   float x,y,z;   char c1,c2;
    a = 3;b = 4;c = 5;
    x = 1.2;y = 2.4;z = -3.6;
    u = 51274;n = 128765;
    c1 = 'a';c2 = 'b';
    printf("\n");
    printf("a = % 2d   b = % 2d   c = % 2d\n",a,b,c);
    printf("x = % 8.6f,y = % 8.6f,z = % 9.6f\n",x,y,z);
    printf("x + y = % 5.2f   y + z = % 5.2f   z + x = % 5.2f\n",x + y,y + z,z + x);
    printf("u = % ld   n = % ld\n",u,n);
    printf("c1 = '% c'or % d(ASCII)\n",c1,c1);
    printf("c2 = '% c'or % d(ASCII)\n",c2,c2);
}
```

4. 阅读下面的程序,其输出结果是_____。

```
#include <stdio.h>
void main()
{
    int a = 5,b = 7;
    float x = 67.8564,y = -789.124;
    char c = 'A';
    long n = 1234567;
    unsigned u = 65535;
    printf("% d% d\n",a,b);
    printf("% 3d% 3d\n",a,b);
    printf("% f,% f\n",x,y);
    printf("% 10f,% 10f\n",x,y);
    printf("% 8.2f,% 8.2f,% .4f,% .4f,% 3f,% 3f\n",x,y,x,y,x,y);
    printf("% e,% 10.2e\n",x,y);
    printf("% c,% d,% o,% x\n",c,c,c,c);
    printf("% ld,% lo,% x\n",n,n,n);
    printf("% u,% o,% x,% d\n",u,u,u,u);
}
```

5. 用下面的 scanf 函数输入数据,问在键盘上应如何输入才能使 $a=3,b=7,x=8.5$, $y=71.82,c1='A',c2='B'$?

```
#include <stdio.h>
void main()
{
    int a,b;   float x,y;   char c1,c2;
    scanf("a = % d b = % d",&a,&b);
    scanf("% f % e",&x,&y);
    scanf(" % c % c",&c1,&c2);
    printf("a = % d,b = % d\n",a,b);
    printf("x = % f,y = % f\n",x,y);
    printf("c1 = % c,c2 = % c\n",c1,c2);
```

```
}
```

练习参考答案

一、单项选择题

1. D   2. C   3. B   4. B   5. C   6. B   7. C   8. D   9. D   10. B

二、阅读程序题

1. 6   6   6.0   6.0

2. 4.000000,4

3.

```
a= 3  b= 4  c= 5
x=1.200000,y=2.400000,z=-3.600000
x+y= 3.60   y+z=-1.20   z+x=-2.40
u=51274   n=128765
c1='a' or 97(ASCII)
c2='b' or 98(ASCII)
Press any key to continue
```

4.

```
57
  5  7
67.856400,-789.124023
 67.856400,-789.124023
   67.86, -789.12,67.8564,-789.1240,67.856400,-789.124023
6.785640e+001,-7.89e+002
A,65,101,41
1234567,4553207,12d687
65535,177777,ffff,65535
Press any key to continue
```

5.

```
a=3  b=7
8.5  71.82
AB
a=3,b=7
x=8.500000,y=71.820000
c1=A,c2=B
Press any key to continue
```

第4章 选择结构程序设计

4.1 本章要点

(1) 所谓"关系运算"实际上就是"比较运算",即将两个数据进行比较,判定两个数据是否符合给定的关系。关系表达式的结果是一个逻辑值,即只有"真"或"假"两种结果。

(2) 在 C 语言中没有逻辑型数据。对于逻辑值"真"和"假",C 语言采用整型数据 1 和 0 来表示。然而 C 语言在判断一个数据量是"真"还是"假"时,以数值 0 为"假",以非 0 的数据为"真"。

(3) 关系运算符共有 6 种,分别是>、<、>= 、<= 、== 、!= ,其中前 4 种运算符(>,<,>= ,<=)的优先级相同,后两种运算符(== ,!=)的优先级相同,且前 4 种运算符的优先级高于后两种运算符。

(4) 在 C 语言中要比较两个数据是否相等只能使用关系运算符" == "。

(5) C 语言提供的逻辑运算符可以把简单的条件组合成复杂的条件。

(6) 逻辑与"&&"、逻辑或"||"都是双目运算符,逻辑非"!"是单目运算符。

(7) 在三种逻辑运算符中,逻辑非"!"的优先级最高,逻辑与"&&"次之,逻辑或"||"最低。逻辑运算符与其他种类运算符的优先级顺序由高到低分别是:

! →算术运算符→关系运算符→&&→||→赋值运算符→逗号运算符

(8) 逻辑与"&&"和逻辑或"||"运算符具有短路求值的重要特性。

(9) if 语句的两种书写形式。

单分支选择结构 if 语句的一般形式:

```
if(表达式)
    语句
```

双分支选择结构 if-else 语句的一般形式:

```
if(表达式)
    语句 1
else
    语句 2
```

注意:else 和 if 必须配对使用。

(10) 条件运算符。

格式:

表达式 1 ? 表达式 2 : 表达式 3

C 语言提供了与 if-else 结构密切相关的条件运算符,它是 C 语言中唯一的三目运算符。先计算表达式 1,值为非 0 则整个条件表达式的结果就是表达式 2 的值;值为 0 则整个条件表达式的结果就是表达式 3 的值。

(11) 当 if 语句中又包含一个或多个 if 语句时,则构成了 if 语句嵌套的情形。if 语句的嵌套形式可以实现多分支选择结构。

(12) 在 if 语句的嵌套形式中,else 和 if 的匹配原则是:else 和离它最近的未配对的 if 配对。

(13) switch 语句用来实现多分支选择结构。

其一般形式为:

```
switch(表达式)
{
    case 常量 1:   语句组 1;[break;]
    case 常量 2:   语句组 2;[break;]
    …
    case 常量 n:   语句组 n;[break;]
    default :     语句组 n+1; [break;]
}
```

(14) break 语句的作用是跳出其所在的 switch 语句,转向执行 switch 语句后面的下一条语句;若语句组后没有 break 语句,则继续执行下一个语句组。

4.2 习 题 解 答

一、单项选择题

1. 下面程序的输出结果是(B)。

```
# include < stdio. h>
void main()
{
    int m = 5;
    if(m++> 5) printf(" % d \n",m);
    else printf(" % d\n",m--);
}
```

 A. 7 B. 6 C. 5 D. 4

解析:if 语句的条件是 m++,其中"++"运算符是后置用法,因此先用 m 的初值和 5 进行比较即 5>5,比较之后 m 的值再增 1 变为 6;else 后面的输出语句中 m-- 中的"--"运算符也是后置用法,所以先输出 m 的值 6,输出结束后 m 的值减 1 变为 5。

2. 下面程序的输出结果是(D)。

```
# include < stdio. h>
void main()
{
    int x = 3,y = 0,z = 0;
    if(x == y + z)
```

```
        printf(" **** ");
        else
            printf(" #### ");
}
```

A. 可以通过编译,但是不能通过连接,因而不能运行

B. 输出 ****

C. 有语法错误,不能通过编译

D. 输出 ＃＃＃＃

解析:运算符"=="表示逻辑判断并非赋值,if 语句中条件 x == y + z,x 的初值是 3,x + y 的值是 0,两者并不相等,因此条件为假,故执行 else 分支输出"＃＃＃＃"。

3. 下面程序的输出结果是(D)。

```
# include < stdio.h>
void main()
{
    int x = 10,y = 20,t = 0;
    if(x == y)
    t = x;
    x = y;
    y = t;
    printf("%d %d\n",x,y);
}
```

A. 10 10　　　　B. 10 20　　　　C. 20 10　　　　D. 20 0

解析:题目中虽然 if(x == y)后面有三条赋值语句,但是这三条赋值语句并没有以复合语句的形式出现,因此当 x == y 条件成立时,仅执行 t = x 语句,其余两条赋值语句不包含在 if 语句内部,无论 if 语句条件是否成立,均顺序执行其余两条赋值语句。

4. 下面程序执行后的输出结果是(B)。

```
# include < stdio.h>
void main()
{
    int a = 5,b = 4,c = 3,d = 2;
    if(a > b > c)
        printf("%d\n",d);
    else if((c - 1 > = d) == 1)
        printf("%d\n",d + 1);
    else
        printf("%d\n",d + 2);
}
```

A. 2　　　　　　B. 3　　　　　　C. 4　　　　　　D. 编译时有错,无结果

解析:对于 a > b > c 要按照从左向右的顺序进行计算,先计算 a > b,将计算的结果转换成整数 1,再用 1 和变量 c 比较即 1 > 3,显然结果为 0,因此需要判断第二个条件即"(c - 1 > = d) == 1",判断的结果是真,因此程序输出 d + 1 的值 3。本题要特别注意的是:a > b > c 和 a > b && b > c 的区别。

5. 若 a,b,c1,c2,x,y 均为整型变量,正确的 switch 语句是(　D　)。

　　A. switch(a＋b);
　　　　{ case 1:y＝a＋b;break;
　　　　　case 0:y＝a－b;break;
　　　　}

　　B. switch(a＊a＋b＊b)
　　　　{ case 3:
　　　　　case 1:y＝a＋b;break;
　　　　　case 3:y＝b－a;break; }

　　C. switch a
　　　　{ case c1:y＝a－b;break;
　　　　　case c2:x＝a＊b;break;
　　　　　default:x＝a＋b; }

　　D. switch(a－b)
　　　　{ default:y＝a＊b;break;
　　　　　case 3:case 4:x＝a＋b;break;
　　　　　case10:case 1:y＝a－b;break; }

　　解析:此题考查 switch 语句的结构和写法。switch 语句中的表达式后不能加分号,因此选项 A 错误;测试变量必须用小括号括起来,因此选项 C 是错误的;case 后必须为常量并且常量不能相同,因此选项 B 是错误的。

6. 有一函数: $y = \begin{cases} 1, & x>0 \\ 0, & x=0 \\ -1, & x<0 \end{cases}$,以下程序段中不能根据 x 的值正确计算出 y 值的是
(　C　)。

　　A. if(x＞0) y＝1;
　　　　else if(x＝＝0) y＝0;
　　　　else y＝－1;

　　B. y＝0;
　　　　if(x＞0) y＝1;
　　　　else if(x＜0) y＝－1;

　　C. y＝0;
　　　　if(x＞＝0)
　　　　if(x＞0) y＝1;
　　　　else y＝－1;

　　D. if(x＞＝0)
　　　　if(x＞0) y＝1;
　　　　else y＝0;
　　　　else y＝－1;

　　解析:if 条件不同,编程方法也各异。选项 C 先假设 x＝＝0,然后又接着判断 x＞＝0,显然当 x＝＝0 时,y 的取值不确定,因此选项 C 是错误的。

7. 下面程序运行后的输出结果是(　A　)。

```
# include < stdio.h>
void main()
{
    int a = 15,b = 21,m = 0;
    switch(a % 3)
    { case 0:m++;break;
      case 1:m++;
      switch(b % 2)
          { default:m++;
            case 0:m++;break; }
          }
      printf(" % d\n",m);
}
```

　　A. 1　　　　　　B. 2　　　　　　C. 3　　　　　　D. 4

　　解析:此题考查 break 语句在 switch 语句中的作用。break 语句用于退出 switch 语句,无 break 语句则继续执行下一条 case 语句。如果 switch 语句中嵌套 switch 语句,则 break 语句只能用来退出离它最近的 switch 语句。

8. 为了避免嵌套的条件分支语句 if-else 的二义性，C 语言规定：C 程序中的 else 总是与(C)组成配对关系。

A. 缩排位置相同的 if　　　　　　B. 在其之前未配对的 if

C. 在其之前未配对的最近的 if　　D. 同一行上的 if

9. 执行以下程序，输入 1，则输出结果是(B)。

```
# include < stdio. h>
void main()
{   int k;
    scanf(" % d",&k);
    switch(k)
    {  case 1:
          printf (" % d\n",k++);
       case 2:
          printf (" % d\n",k++);
       case 3:
          printf (" % d\n",k++);
       case 4:
          printf (" % d\n",k++);break;
       default:
          printf("Full!!\n");
    }
}
```

A. 1　　　　　　　B. 1　　　　　　　C. 2　　　　　　　D. 1

　　3　　　　　　　　 2　　　　　　　　　　　　　　　　3

　　4　　　　　　　　 3　　　　　　　　　　　　　　　　4

　　5　　　　　　　　 4

解析：此题考查 break 语句在 switch 语句中的作用。输入 1 后执行 case 1 后的语句，因为 printf 语句后无 break 语句则继续执行下一条 case 语句，直到执行完 case 4 后面的 printf 语句才退出 switch 结构。

10. 执行第 9 题程序，输入 3，则输出结果为(A)。

A. 3　　　　　　　B. 4　　　　　　　C. 3　　　　　　　D. 4

　　4　　　　　　　　 5

解析：此题考查 break 语句在 switch 语句中的作用。输入 3 后执行 case 3 后的语句，因为 printf 语句后无 break 语句则继续执行下一条 case 语句，执行完 case 4 后面的 printf 语句才退出 switch 结构。

二、阅读程序题

1. 下面程序的功能是将输入的大写字母转换为小写字母并输出，其他字符不转换。

```
# include < stdio. h>
void main()
{   char ch;
    scanf(" % c",&ch);
    if(ch > = 'A' && ch < = 'Z')
          ch = ch + 32;
    printf(" % c",ch);
}
```

解析：大写字母与小写字母的 ASCII 码值相差 32，从大写字母转换到小写字母的方法是将大写字母的 ASCII 码值加上 32；从小写字母转换到大写字母的方法是将小写字母的 ASCII 码值减去 32。即 'A'＋32 为 'a'，'a'-32 为 'A'。

2. 下列程序的输出结果是 ___6___。

```
# include < stdio. h >
void main()
{   int x = 6;
    if(++x > 7)
        printf(" % d\n",x);
    else
        printf(" % d\n", -- x);
}
```

解析：判定 if 语句的条件后，变量 x 的值自增 1，即由 6 变成 7，执行完 else 语句中的 printf 之后，x 的值由 7 变为 6。

三、程序设计题

1. 判断一个三位数是否是"水仙花数"。说明："水仙花数"是一个三位数，其各位数字立方和等于该数本身。例如：153 是一个水仙花数，因为 $153＝1^3＋5^3＋3^3$。

分析：将从键盘输入的整数的每位数分离后，即可使用 if 语句判断是否符合水仙花数的条件。

参考程序如下：

```
# include < stdio. h >
void main()
{
    int x,gw,sw,bw;
    printf("请输入一个三位数：\n");
    scanf(" % d",&x);
    gw = x % 10;            / * 分离个位 * /
    sw = x % 100/10;        / * 分离十位 * /
    bw = x/100;             / * 分离百位 * /
    if(gw * gw * gw + sw * sw * sw + bw * bw * bw == x)
        printf(" % d 是水仙花数.\n",x);
    else
        printf(" % d 不是水仙花数.\n",x);
}
```

运行结果（1）：

    请输入一个三位数：
    412 ↙
    412 不是水仙花数.

运行结果（2）：

    请输入一个三位数：
    407 ↙
    407 是水仙花数.

2. 计算下列分段函数的值

$$f(x)=\begin{cases} x^2+x+6, & x<0 \text{ 且 } x\neq-3 \\ x^2-5x+6, & 0\leqslant x<10 \text{ 且 } x\neq2 \text{ 及 } x\neq3 \\ x^2-x-1, & \text{其他} \end{cases}$$

分析：多个条件同时满足可以使用逻辑与"＆＆"运算符将多个条件连接起来。本题的编程方法不唯一,既可以使用多条单分支选择结构 if 语句,也可以使用 if-else 语句的嵌套形式。

参考程序如下：

```
#include <stdio.h>
void main()
{
    int x,y;
    printf("请输入一个整数：\n");
    scanf("%d",&x);
    if(x<0&&x!=-3)
        y=x*x+x+6;
    if(x>=0&&x<10&&x!=2&&x!=3)
        y=x*x-5*x+6;
    if(x==-3||x==2||x==3||x>=10)
        y=x*x-x-1;
    printf("f(%d) = %d\n",x,y);
}
```

运行结果（1）：

```
请输入一个整数：
-1↙
f(-1) = 6
```

运行结果（2）：

```
请输入一个整数：
13↙
f(13) = 155
```

3. 输入三角形三条边的长度,判断它们能否构成三角形,若能则指出是何种三角形：等边、等腰、直角、一般；若不能构成三角形,则输出相应的信息。

分析：根据两边之和大于第三边的原理,利用逻辑与"＆＆"运算符判断是否构成三角形。利用直角三角形和等腰三角形的特征结合逻辑或"||"运算符判断是直角三角形和等腰三角形。本题的解题思路也有多种,可以将单分支选择结构、双分支选择结构、多分支选择结构混合使用,重点考查读者对选择结构的灵活掌握程度。

参考程序如下：

```
#include <stdio.h>
void main()
{
    int a,b,c;
    printf("请输入三边长度：\n");
```

```
    scanf("%d%d%d",&a,&b,&c);
    if(a+b>c&&b+c>a&&c+a>b)
    {
        if(a*a+b*b==c*c||a*a+c*c==b*b||b*b+c*c==a*a)
            printf("直角三角形\n");
        else if(a==b||b==c||c==a)
            printf("等腰三角形\n");
        else
            printf("一般三角形\n");
    }
    else
        printf("不能构成三角形\n");
}
```

运行结果(1):

请输入三边长度:
1 2 3 ↙
不能构成三角形

运行结果(2):

请输入三边长度:
3 4 5 ↙
直角三角形

4.3 练习与答案

一、单项选择题

1. 若有定义语句 int a,b;double x;,则下列选项中没有错误的是(   )。

   A. switch(x%2)

      {case 0:a++;break;

       case 1:b++;break;

       default:a++;b++;

      }

   B. switch((int)x%2.0)

      {case 0:a++;break;

       case 1:b++;break;

       default:a++;b++;

      }

   C. switch((int)x%2)

      {case 0:a++;break;

       case 1:b++;break;

       default:a++;b++;

      }

   D. switch((int)(x%2))

      {case 0:a++;break;

       case 1:b++;break;

       default:a++;b++;

      }

2. 有以下程序:

```
#include<stdio.h>
void main()
{
    int a=1,b=0;
    if(!a) b++;
    else if(a==0)  if(a) b+=2;
```

```
        else b+=3;
        printf(" % d\n",b);
    }
```

程序运行后的输出结果是(   )。

A. 0   B. 1   C. 2   D. 3

3. 有如下嵌套的 if 语句：

```
if(a<b)
    if(a<c)k=a;
    else k=c;
else
    if(b<c)k=b;
    else k=c;
```

以下选项中与上述语句等价的语句是(   )。

A. k=(a<b)? a:b;k=(b<c)? b:c;

B. k=(a<b)? ((b<c)? a:b):((b>c)? b:c);

C. k=(a<b)? ((a<c)? a:c):(b<c)? b:c);

D. k=(a<b)? a:b; k=(a<c)? a:c;

4. 若 a 是数值类型,则逻辑表达式(a == 1)||(a!= 1)的值是(   )。

A. 1   B. 0   C. True   D. 不知道 a 的值,不能确定

5. 以下选项中与 if(a == 1)a=b;else a++;语句功能不同的 switch 语句是(   )。

A. switch(a)
    { case 1:a=b;break;
      default:a++;
    }

B. switch(a==1)
    { case 0:a=b;break;
      case 1:a++;
    }

C. switch(a)
    { default: a++;break;
      case 1: a=b;
    }

D. switch(a==1)
    { case 1:a=b;break;
      case 0:a++;
    }

6. 设有定义：int a=1,b=2,c=3;,以下语句中执行效果与其他三个不同的是(   )。

A. if(a>b)c=a,a=b,b=c;   B. if(a>b){c=a,a=b,b=c;}

C. if(a>b)c=a;a=b;b=c;   D. if(a>b){c=a;a=b;b=c;}

7. 以下是 if 语句的基本形式：

    if(表达式) 语句

其中"表达式"(   )。

A. 必须是逻辑表达式   B. 必须是关系表达式

C. 必须是逻辑表达式或关系表达式   D. 可以是任意合法的表达式

8. 有以下程序：

```
# include < stdio. h>
void main()
{
```

```
        int x;
        scanf("% d",&x);
        if(x <= 3);
        else
            if(x!= 10) printf("% d\n",x);
    }
```

程序运行时,输入的值在哪个范围才会有输出结果?(   )

A. 不等于 10 的整数　　　　　B. 大于 3 并且不等于 10 的整数

C. 大于 3 或等于 10 的整数　　D. 小于 3 的整数

二、阅读程序题

1. 有以下程序:

```
# include < stdio. h >
void main( )
{
    int x = 1,y = 0;
    if(!x)y++ ;
    else if(x == 0)
        if(x)y += 2;
        else y += 3;
    printf("% d\n",y);
}
```

程序运行后的输出结果是＿＿＿＿＿＿＿＿＿＿＿＿。

2. 有以下程序:

```
# include < stdio. h >
void main( )
{
    int a = 1,b = 2,c = 3,d = 0;
    if(a == 1&&b++== 2)
    if(b!= 2||c -- != 3)
        printf("% d,% d,% d\n",a,b,c);
    else  printf("% d,% d,% d\n",a,b,c);
    else  printf("% d,% d,% d\n",a,b,c);
}
```

程序运行后的输出结果是＿＿＿＿＿＿＿＿＿＿＿＿。

三、程序设计题

1. 从键盘输入两个整数,求出较大数并输出。

2. 已知有如下分段函数,从键盘输入 x 的值,求 y 的值并输出。

$$y=\begin{cases}1, & (x>0)\\ -1, & (x<0)\\ 0, & (x=0)\end{cases}$$

练习参考答案

一、单项选择题

1. C　2. A　3. C　4. A　5. B　6. C　7. D　8. B

二、阅读程序题

1. 0   2. 1,3,3

三、程序设计题

1. 从键盘输入两个整数,求出较大数并输出。

分析:本题可以采用多种编程方法,较普遍的是采用 if-else 语句编程,也可以采用条件运算符编程。

解法一:使用 if 语句实现。

参考程序如下:

```
# include < stdio. h >
void main( )
{
    int x,y,max;
    scanf("% d % d",&x,&y);
    if(x > y)
        max = x;
    else
        max = y;
    printf("max = % d\n",max);
}
```

解法二:使用条件运算符实现。

参考程序如下:

```
# include < stdio. h >
void main( )
{
    int x,y,max;
    scanf("% d % d",&x,&y);
    max = x > y?x:y;
    printf("max = % d\n",max);
}
```

2. 已知有如下分段函数,从键盘输入 x 的值,求 y 的值并输出。

$$y = \begin{cases} 1, & (x > 0) \\ -1, & (x < 0) \\ 0, & (x = 0) \end{cases}$$

分析:求分段函数的值时编程方法不唯一。可以采用多分支选择结构 if 语句,或者使用双分支选择结构 if 语句的嵌套形式,也可以采用多条单分支选择结构 if 语句编程。

解法一:使用单分支选择结构 if 语句实现。

参考程序如下:

```
# include < stdio. h >
void main( )
{
    float x;
    int y;
```

```
        scanf("%f",&x);
        if(x>0)
            y = 1;
        if(x == 0)
            y = 0;
        if(x < 0)
            y = - 1;
        printf("y = %d\n",y);
}
```

解法二：使用 if-else 语句的嵌套形式实现。

参考程序如下：

```
# include < stdio.h >
void main()
{
    float x;
    int y;
    scanf("%f",&x);
    if(x>0)
        y = 1;
    else
        if(x == 0)
            y = 0;
        else
            y = - 1;
    printf("y = %d\n",y);
}
```

第4章

选择结构程序设计

第5章 循环结构程序设计

5.1 本章要点

循环结构是结构化程序设计的基本结构之一,它与顺序结构、选择结构共同作为各种复杂程序的基本构造单元。其特点是,在给定条件成立时,反复执行某程序段,直到条件不成立为止。给定的条件称为循环条件,反复执行的程序段称为循环体。C语言提供了多种循环语句,可以组成各种不同形式的循环结构。

(1) C语言中for语句使用最为灵活,它可以用于循环次数已知的情况,也可以使用表达式控制循环次数。它的一般形式为:

```
for(表达式1;表达式2;表达式3)
    循环体语句
```

说明:

① 通常表达式1可用于对循环控制变量赋初值,表达式3用于对控制变量的增值,但无论如何表达式2一定是循环条件。

② for语句中的三个表达式并不一定是必需的,可以部分或完全省略。但是无论省略了哪个表达式,括号中的两个分号是必须留的。

③ for(…)后面可以加分号,表示循环体为空语句。

④ 在循环体内或循环条件中必须有使循环趋于结束的语句,否则,会出现死循环等异常问题。

(2) while语句用来实现循环次数的不确定性循环,一般格式为:

```
while(表达式)
    循环体语句
```

其中表达式是循环条件,语句为循环体。while语句的执行流程:计算表达式的值,当表达式为真时,执行循环体。其特点是:先判断表达式,后执行循环体。

(3) do-while语句用来实现"直到型"循环结构。其一般形式如下:

```
do{
    循环体语句
}while(表达式);
```

这个循环与while循环的不同在于:它先执行循环中的语句,然后再判断表达式是否为真,如果为真则继续循环;如果为假,则终止循环。因此,do-while循环至少执行一次循环体。

（4）几种循环语句的比较。

① 三种循环都可以用来处理同一问题，一般情况下它们可以互相代替。

② while 和 do-while 循环，在 while 后面指定循环条件，在循环体中应包含使循环趋于结束的语句（如 i++，或 i＝i＋1 等）；for 循环可以在表达式 3 中包含使循环趋于结束的操作，甚至可以将循环体中的操作全部放到表达式 3 中。因此 for 语句的功能更灵活，凡用 while 循环能完成的循环，用 for 循环都能实现。

③ 对于循环变量赋初值，while 语句和 do-while 语句一般是在进入循环结构之前完成，而 for 语句一般是在循环语句表达式 1 中进行变量赋值。

④ while 语句和 for 语句都是先判断循环表达式，后执行循环体，do-while 语句则是先执行循环体，后判断循环表达式。

（5）一个循环体内又包含另一个完整的循环结构，称为循环的嵌套。内嵌的循环中还可以嵌套循环，就是多层循环。三种循环可以互相嵌套。

（6）while 循环、do-while 循环和 for 循环，可以使用 break 语句跳出循环，用 continue 语句结束本次循环。

（7）当 break 语句用于开关语句 switch 中时，可使程序跳出 switch 而执行下面的语句。当 break 语句用于 do-while、for、while 循环语句中时，可使程序终止循环而执行循环后面的语句，通常 break 语句总是与 if 语句连在一起，即满足条件时便跳出循环。

（8）continue 语句是结束本次循环，即跳过循环体中下面尚未执行的语句，接着进行下一次循环的判断。

5.2　习 题 解 答

一、单项选择题

1. C 语言中下列叙述正确的是（　D　）。

A. 不能使用 do-while 语句构成的循环

B. do-while 语句构成的循环，必须用 break 语句才能退出

C. do-while 语句构成的循环，当 while 语句中的表达式值为非零时结束循环

D. do-while 语句构成的循环，当 while 语句中的表达式值为零时结束循环

2. 执行下面程序片段的结果是（　B　）。

```
int x = 23;
do
{
    printf(" % 2d",x--);
}while(!x);
```

A. 打印出 321　　　　　　　　　　B. 打印出 23

C. 不打印任何内容　　　　　　　　D. 陷入死循环

解析：do-while 循环是先执行语句再判断表达式，x-- 表示先使用 x 的值再进行自减运算，故本题输出结果为 23。

3. 有以下程序段：

```
int k = 0;
while(k = 1)k++;
```

while 循环执行的次数是（   A   ）。

A. 无限次   B. 有语法错，不能执行

C. 一次也不执行   D. 执行一次

解析：while 的表达式为 k＝1，表示给 k 赋值为 1，并不是判断 k 是否为 1（k == 1），故给 k 赋值为 1，恒为真，循环执行无限次。

4. 有以下程序段：

```
int n = 0,p;
do {scanf("%d",&p);n++;} while(p!= 12345&&n < 3);
```

此处 do-while 循环的结束条件是（   D   ）。

A. p 的值不等于 12345 并且 n 的值小于 3

B. p 的值等于 12345 并且 n 的值大于等于 3

C. p 的值不等于 12345 或者 n 的值小于 3

D. p 的值等于 12345 或者 n 的值大于等于 3

解析：此题的循环条件是一个包含多种运算符的表达式，逻辑运算符的优先级别低于算术运算符，故此循环条件等价于(p!＝12345)＆＆(n < 3)。

5. 有以下程序：

```
#include < stdio.h>
void main()
{   int i,s = 0;
    for(i = 1;i < 10;i += 2)
        s += i + 1;
    printf("%d\n",s);
}
```

程序执行后的输出结果是（   D   ）。

A. 自然数 1～9 的累加和   B. 自然数 1～10 的累加和

C. 自然数 1～9 中奇数之和   D. 自然数 1～10 中偶数之和

解析：for 循环中，循环变量初值为 1，条件 i < 10，循环变量增量每次自加 2，因此循环共执行 5 次，并对每次的 i＋1 值进行累加，故此题是求自然数 1～10 中偶数之和。

6. 若有如下程序，若要使输出值为 2，则应该从键盘给 n 输入的值是（   B   ）。

```
#include < stdio.h>
void main()
{   int s = 0,a = 1,n;
    scanf("%d",&n);
    do
    {
        s += 1;
        a = a - 2;
```

```
    }while(a!= n);
    printf(" % d\n",s);
}
```

    A. −1   B. −3   C. −5   D. 0

    解析：此题应当用逆推的方法，s 最后的输出结果为 2，当第一次执行循环体语句时，s＝1，a＝−1，由于 s 是个累加器每次增 1，说明 a 和 n 肯定不等，进行下一次循环体语句，s＝2，a＝−3，此时 s 的值和输出结果一致，循环结束，说明 a 和 n 相等，由此判断 n＝−3。

    二、程序填空题

    1. 要求使以下程序输出 10 个整数，请填空。

```
for(i = 0;i <=   18  ;printf(" % d\n",i += 2));
```

    解析：i 的值每次递增 2，故填 18，才能使循环变量 i 的值从 0 到 18 共执行 10 次，输出 10 个数。

    2. 下面程序的功能是：计算 1～10 之间的奇数之和以及偶数之和，请填空。

```
# include < stdio. h>
void main( )
{   int a,b,c,i;
    a = c = 0;
    for(i = 0;i <= 10;i += 2)
    {
        a += i;
        b = i + 1;
        c += b;
    }
    printf("偶数之和 = % d\n",a);
    printf("奇数之和 = % d\n",c − 11);
}
```

    解析：此题应根据题目给定的语句环境补充完整程序。for 循环 i 从 0 到 10，循环变量每次增 2，由 a＋＝i 表达式可看出 a 表示偶数之和，显然 c 表示奇数之和，每次循环中 i 表示的是 0,2,…,10，而由 c＋＝b 表达式得知 b 应为每次累加的奇数，所以空缺处应填"b＝i+1"。由于循环共执行 11 次，c 中的结果多加了一次 11，故在最后输出时减掉。

    三、阅读程序题

    1. 有以下程序：

```
# include < stdio. h>
void main( )
{   char c;
    while((c = getchar( ))!= '?')
        putchar( −− c);
}
```

    程序运行时，如果从键盘输入：Y? N? <回车>，则输出结果为　X　。

    解析：此题的循环条件为只要从键盘上输入的字符不为"?"，就执行循环体语句输出相应非"?"字符的前一个字符。当从键盘输入多个字符且包含多个"?"遇到第一个时循环条件

## 第 5 章

循环结构程序设计

不满足即退出循环,故输出 Y 的前一个字符 X(Y 的 ASCII 代码值为 89,X 的 ASCII 代码值为 88)。

2. 下面程序的输出结果是<u>12510</u>。

```c
# include < stdio.h >
void main()
{   int i,x = 10;
    for(i = 1;i <= x;i++)
        if(x % i == 0)
            printf(" % d",i);
}
```

解析:for 循环初值为 1,i<=10,循环执行 10 次,循环体语句为 if 语句,10 依次除以每次的 i,如果能被整除则输出此次循环的 i 值,否则进行下一次循环。此题实质是求某正整数的所有因子(包含 1 和其本身)。

3. 下面程序的输出结果是<u>15</u>。

```c
# include < stdio.h >
void main()
{   int i,sum = 0;
    for(i = 1;i < 6;i++)
        sum += i;
    printf(" % d",sum);
}
```

解析:题目本意为 for 循环初值为 1,循环执行 5 次,每次对 i 的值进行累加,sum 初值为 0,输出结果为 15,实现 1~5 的累加和。

4. 下面程序的输出结果是

```
** !
* ! !
! ! !
```

```c
# include < stdio.h >
void main()
{   int i,j;
    for(i = 2;i >= 0;i -- )
    {
        for(j = 1;j <= i;j++)
            printf(" * ");
        for(j = 0;j <= 2 - i;j++)
            printf("!");
        printf("\n");
    }
}
```

解析:此题以 i 为循环变量的外层循环共执行三次。当 i=2 时,执行第一个内层循环,j 从 1 到 2 共输出两个 * ,再执行第二个内层循环,j 从 0 到 2-i(0)输出一个!;当 i=1 时,执行顺序同上应输出一个 * ,两个!;当 i=0 时,输出三个!。

5. 下面程序的输出结果是___1,1___。

```
#include < stdio. h >
void main()
{   int   i,j = 0,a = 0;
    for(i = 0;i < 5;i++)
        do
        {
            if(j % 3)
                break;
            a++;
            j++;
        }while(j < 10);
        printf("% d,% d\n",j,a);
}
```

6. 下面程序的输出结果是___852___。

```
#include < stdio. h >
void main()
{   int   x = 9;
    for( ;x > 0; )
    {
        if(x % 3 == 0)
        {
            printf("% d",-- x);
            continue;
        }
        x -- ;
    }
}
```

解析：for 循环中省略了表达式 1 和表达式 3，分别写在了 for 循环前和循环体中。循环共执行 9 次，x 从 9 到 1 依次除以 3，如果能被 3 整除即 x%3 == 0，则输出--x 的值。该程序实质上是当 x 被 3 整除时打印输出，只是需要注意--x 和 x--的区别。

7. 下面程序的输出结果是___*** #___。

```
#include < stdio. h >
void main()
{   int i,j = 2;
    for(i = 1;i <= 2 * j;i++)
        switch(i/j)
        {
            case 0: case 1: printf(" * ");break;
            case 2: printf(" # ");
        }
}
```

解析：此题是 for 循环中嵌套 switch 语句。for 循环从 1 到 4 共执行 4 次。通过 i/j 的结果依次对应输出结果。

循环结构程序设计

四、程序设计题

1. $\sum\limits_{n=1}^{20} n!$（即求 $1! + 2! + 3! + 4! + \cdots + 20!$）。

分析：先求 $n!$，同时考虑 $\sum$ 求和。

参考程序如下：

```c
#include <stdio.h>
void main()
{   float fact = 1,sum = 0;      /* 阶乘的结果数值比较大,所以用实型 */
    int i;
    for(i = 1;i <= 20;i++)
    {
        fact *= i;
        sum += fact;
    }
    printf("20 的阶乘和是 %e.\n",sum);
}
```

运行结果：

20 的阶乘和是 2.561327e + 018.

2. 猴子吃桃问题。猴子第一天摘下若干个桃子,当即吃了一半,还不过瘾,又多吃了一个。第二天早上又将剩下的桃子吃掉一半,又多吃了一个。以后每天早上都吃了前一天剩下的一半零一个。到第 10 天早上想再吃时,就只剩一个桃子了。求第一天共摘多少桃子。

分析：此题用倒推的办法,需要注意循环初始值、条件以及循环变量的设置。

参考程序如下：

```c
#include <stdio.h>
void main()
{   int prev;                    /* 前一天的桃子数 */
    int next = 1;                /* 后一天的桃子数,初值为第 10 天的桃子数 */
    int i;
    for(i = 9;i >= 1;i-- )
    {
        prev = (next + 1) * 2;       /* next = prev - (prev/2 + 1) */
        next = prev;
    }
    printf("total = %d\n",prev);
}
```

运行结果：

total = 1534

3. 在"CCTV 青歌赛"中,有 10 个评委分别为参赛选手打分,分数为 1~100 分。选手最后得分为：去掉一个最高分和一个最低分后,其余评委分数的平均值。编程实现：求某个选手的参赛得分,评委分数从键盘任意输入。

分析：本题要求对 10 个分数求最大值、最小值及求平均。设置最大值和最小值的初值分别为 0 和 100,通过循环依次输入 10 个分数,每输入一个分数,进行累加、求最大、最小值。最后将累加结果减去最大和最小值后求平均。当然本题对于最大、最小值的初值也可以设置为第一次输入的分数,读者可以思考,程序应该如何改写。

参考程序如下:

```
# include < stdio.h>
void main()
{    float score,max = 0,min = 100,sum = 0,ave;
     int i;
     for(i = 0;i < 10;i++)
     {
          scanf(" % f",&score);
          sum += score;
          if(max < score)   max = score;
          if(min > score)   min = score;
     }
     ave = (sum - max - min)/8;
     printf("the last score is % f\n",ave);
}
```

4. 输入一个正整数,将其按逆序输出。例如:输入 12345,输出 54321。

分析:为了实现逆序输出一个正整数,需要把该数按逆序逐位拆开,然后输出。在循环中每次分离一位,分离方法是对 10 求余数。

设 x=12345,从低位开始分离,12345%10=5,为了能继续使用求余运算分离下一位,需要改变 x 的值为 12345/10=1234。

重复上述操作:

1234 % 10 = 4;

1234 / 10 = 123;

123 % 10 = 3;

123 / 10 = 12;

12 % 10 = 2;

12 / 10 = 1;

1 % 10 = 1;

1 / 10 = 0。

当 x 最后变为 0 时,处理过程结束。经过归纳得到:

(1) 重复以下步骤。

x % 10,分离一位

x = x / 10,为下一次分离做准备

(2) 直到 x == 0,循环结束。

由于循环次数由 x 的位数决定,不同的数其循环次数不同,因此,对于程序来说,属于未知次数的循环,循环语句采用 while。

参考程序如下:

```
# include < stdio.h>
```

循环结构程序设计

```
void main()
{
    int x,n;
    printf("Enter x:");
    scanf("% d",&x);
    while(x!= 0)
    {
        n = x % 10;
        printf("% d",n);
        x = x/10;
    }
}
```

5.3　练习与答案

一、单项选择题

1. 下面程序段的输出结果是(　　)。

```
a = 1;b = 2;c = 2;
while(a < b < c)
{
    t = a;a = b;b = t;c -- ;
}
printf("% d, % d, % d",a,b,c);
```

 A. 2,1,1   B. 2,1,0   C. 1,2,1   D. 1,2,0

2. C语言中 while 和 do-while 循环的主要区别是(　　)。

 A. do-while 的循环体至少无条件执行一次

 B. while 的循环控制条件比 do-while 的循环控制条件严格

 C. do-while 允许从外部转到循环体内

 D. do-while 的循环体不能是复合语句

3. 执行下面程序段后,k 值是(　　)。

```
r = 1;n = 203;k = 1;
do{
    k *= n % 10 * r;n/ = 10;r++;
}while(n);
```

 A. 0   B. 1   C. 2   D. 3

4. 下面有关 for 循环的正确描述是(　　)。

 A. for 循环只能用于循环次数已经确定的情况

 B. for 循环是先执行循环体语句,后判断表达式

 C. 在 for 循环中,不能用 break 语句跳出循环体

 D. for 循环的循环体语句中,可以包含多条语句,但必须用大括号括起来

5. 对 for(表达式 1;　;表达式 3)可理解为(　　)。

 A. for(表达式 1;0;表达式 3)

    B. for(表达式 1;表达式 3 ;表达式 3)

    C. for(表达式 1;表达式 1 ;表达式 3)

    D. for(表达式 1;1;表达式 3)

6. C 语言中用于结构化程序设计的三种基本结构是(　　　)。

    A. 顺序结构、选择结构、循环结构

    B. if、switch、break

    C. for、while、do-while

    D. if、for、continue

7. 若 i 为整型变量,则以下循环执行次数是(　　　)。

```
for(i = 3;i > 0;)
    printf("%d",i--);
```

    A. 无限次   B. 三次   C. 一次   D. 两次

8. 有以下程序:

```
# include < stdio.h >
void main()
{   int x = 3;
    do{
        printf("%d\n",x-= 2);
    }while(!( -- x) );
}
```

    以下说法正确的是(　　　)。

    A. 输出的是 1   B. 是死循环

    C. 输出的是 3 和 0   D. 输出的是 1 和 -2

9. 若有如下程序段,其中 s、a、b、c 均已定义为整型变量,且 a、c 均已赋值(c 大于 0)。

```
s = a;
for(b = 1;b < = c;b++)
    s = s + 1;
```

    则与上述程序段功能等价的赋值语句是(　　　)。

    A. s＝a+b;   B. s＝a+c;   C. s＝s+c;   D. s＝b+c;

10. 以下程序段中的变量已正确定义:

```
for(i = 0; i < 4; i++,i++)
for(k = 1; k < 3; k++);printf("*");
```

    程序段的输出结果是(　　　)。

    A. ********   B. ****

    C. **   D. *

11. 关于以下 for 循环,下列说法正确的是(　　　)。

```
for(x = 0,y = 0;(y!= 123)&&(x < 5);x++);
```

    A. 是无限循环   B. 循环次数不定   C. 执行 4 次   D. 执行 5 次

二、阅读程序题

1. 下面程序的输出结果是_____。

```c
# include < stdio. h >
void main( )
  {int y = 10;
   do{
       y -- ;
       }while( -- y) ;
   printf(" % d\n",y -- );
   }
```

2. 下面程序的输出结果是_____。

```c
# include < stdio. h >
void main( )
{int a = 1,b = 2,c = 3,t;
while(a < b < c)
    {t = a;a = b;b = t;c -- ;}
printf(" % d, % d, % d",a,b,c);
}
```

3. 下面程序的输出结果是_____。

```c
# include < stdio. h >
void main( )
{int i,j,k,x;
  for(i = 1;i < = 4;i++){
      x = 4;
      for(j = 1;j < = 3;j++){
          x = 3;
          for(k = 1;k < = 2;k++)
              x += 6;
      }
  }
  printf(" % d",x);
}
```

4. 下面程序的输出结果是_____。

```c
# include < stdio. h >
void main( )
{int x = 15;
while(x > 10&&x < 50){
    x++ ;
    if(x/3){x++;break;}
    else   continue;
}
printf(" % d",x);
}
```

5. 下面程序的输出结果是_____。

```
# include < stdio. h>
void main()
{ int i,a;
for(i = 1;i < = 3;i++){
    if(i < = 1)a = 3;
    if(i < = 2)a = 2;
    if(i < = 3)a = 1;
    printf(" % d",a);
}
printf(" % d",i);
}
```

6. 下面程序的输出结果是_____。

```
# include < stdio. h>
void main()
{ int i,j,k,a = 0;
for(i = 1;i < = 3;i++)
    for(j = 1;j < = i;j++)
        for(k = j;k < = 3;k++)
            a + = 1;
printf(" % d",a);
}
```

三、程序填空题

1. 下面的程序是求 1!＋3!＋5!＋…＋n! 的和。

```
# include < stdio. h>
void main()
{
    long int f,s;
    int i,j,n;
    【1】;
    scanf(" % d",&n);
    for(i = 1;i < = n;【2】) {
        f = 1;
        for(j = 1;【3】;j++)
            【4】;
        s = s + f;
    }
    printf("n = % d,s = % ld\n",n,s);
}
```

2. 分别求出一批非零整数中的偶数、奇数的平均值,用零作为终止标记。

```
# include < stdio. h>
void main()
{
    int x,i = 0,j = 0;
    float s1 = 0,s2 = 0,av1,av2;/ * s1 是偶数和,s2 是奇数和 * /
    scanf(" % d",&x);
    while(【1】) {
```

```
            if(x % 2 == 0) {s1 = s1 + x; i++;}
                【2】
                {
                    s2 = s2 + x; j++;
                }
            【3】;
        }
        if(i!= 0)
            av1 = s1/i;
        else   av1 = 0;
        if(j!= 0)
            【4】;
        else   av2 = 0;
        printf("oushujunzhi: % 7.2f, jishujunzhi: % 7.2f\n", av1, av2);
}
```

四、程序设计题

1. 求一个任意位数的各位数字的立方和。

2. 求 1～w 之间的奇数之和(w 是大于等于 100 小于等于 1000 的整数)。

3. 编程找出 100～200 之间满足下列条件的所有正整数：各位数字之和能被 7 整除。

练习参考答案

一、单项选择题

1. D   2. A   3. A   4. D   5. D   6. A   7. B   8. D   9. B   10. D   11. D

二、阅读程序题

1. 0   2. 1,2,1   3. 15   4. 17   5. 1114   6. 14

三、程序填空题

1. 【1】s=0   【2】i+=2   【3】j<=i   【4】f=f*j

2. 【1】x!=0   【2】else   【3】scanf("%d",&x)   【4】av2=s2/j

四、程序设计题

1. 求一个任意位数的各位数字的立方和。

参考程序如下：

```
# include < stdio. h >
void main()
{
    int d, s = 0, n;
    scanf(" % d", &n);
    while (n > 0)
    {   d = n % 10;
        s += d * d * d;
        n/ = 10;
    }
    printf(" % d", s);
}
```

2. 求 1～w 之间的奇数之和。（w 是大于等于 100 小于等于 1000 的整数）

参考程序如下：

```
# include < stdio. h >
void main()
{
    int w, i;
    long y = 0;
    printf("Enter w: ");
    scanf(" % d", &w);
    for(i = 1; i < = w; i++)
        if(i % 2 == 1)
            y += i;
    printf("The result is  % ld\n", y);
}
```

3. 编程找出 100~200 之间满足下列条件的所有正整数：各位数字之和能被 7 整除。

参考程序如下：

```
# include < stdio. h >
void main()
{   int sum = 0, m, n;
    for(n = 100; n < = 200; n++)
        {m = n;
         sum = 0;
         while(m != 0){
             sum = sum + m % 10;
             m = m/10;
         }
          if(sum % 7 == 0)
             printf(" % 5d", n);
        }
}
```

循环结构程序设计

第6章 数 组

6.1 本章要点

由若干个类型相同的相关数据按顺序存储在一起形成的一组同类型有序数据的集合称为数组。构成数组的每一个数据项称为数组元素,同一数组中的元素必须具有相同的数据类型,而且这组数据在内存中占用一段连续的存储单元。

数组定义的一般形式为:

类型说明符 数组名[下标1][下标2]…[下标n]

1. 一维数组

(1)一维数组的定义形式为:

类型说明符 数组名[常量表达式];

类型说明符表明数组中每个元素的数据类型。数组名的命名规则遵循标识符的命名规则。常量表达式的值是数组的长度,即数组中包含元素的个数。

(2)一维数组的引用:C语言规定只能单个引用数组元素而不能一次引用整个数组。

一维数组元素的引用方式:

数组名[下标表达式];

其中,下标表达式可以是整型常量,也可以是整型变量或整型表达式。

(3)一维数组的初始化:在定义数组的同时给数组赋初值称为数组的初始化。

2. 二维数组

(1)二维数组定义的一般形式:

类型说明符 数组名[常量表达式1][常量表达式2];

C语言中,二维数组的元素是按行存放的,即在内存中先按顺序存放第一行的元素,然后再存放第二行的元素,以此类推。

(2)二维数组的引用形式为:

数组名[下标表达式1][下标表达式2];

其中,下标表达式与一维数组一样,可以是整型常量,也可以是整型变量或整型表达式。

(3)二维数组的初始化可以用下面的方法实现。

① 分行赋初值。例如 int a[3][4]={{1,2,3,4},{5,6,7,8},{9,10,11,12}};。

② 可以将所有数据写在一个大括号内,按数组元素存放的顺序依次赋值。例如,int a[3][4]={1,2,3,4,5,6,7,8,9,10,11,12};。

③ 可以对部分元素赋初值。例如,int a[3][4]={{1},{5},{9}};,它的作用是只对各行第一列的元素赋值,其余元素的值自动为 0;也可以把部分元素写在一个大括号内,但赋值结果不同,例如,int a[3][4]={1,5,9};,它表示对第一行的前三个元素赋值,其余元素的值自动为 0。

④ 如果对全部元素赋初值,则可以不指定第一维的长度,但第二维长度不能省略。例如,int a[][4]={1,2,3,4,5,6,7,8,9,10,11,12};,系统会自动计算该数组有三行。

3. 字符数组

字符数组的定义形式:

char 数组名[常量表达式];

字符数组用来存放字符型数据,它的初始化可以逐个字符赋给数组中各个元素。例如,char c[6]={ 'I', 'a', 'm', 'y', 'o', 'h'};。

引用字符数组的一个元素,可以得到一个字符。

字符串是由若干字符构成,且以字符'\0'作为结束标志的一个字符序列,字符串常量是由双引号括起来的一个字符串。一个一维字符数组可以用来存放一个字符串。

C 语言允许用一个字符串常量来初始化字符数组,而不必使用一串单个字符。例如,char c[]={"china"};或 char c[]="china";,用字符串常量初始化时,可以不指定数组的长度,由字符串中字符个数和字符串结束标志来确定。

C 语言的库函数中提供了很多用来处理字符串的函数,大大方便了字符串的处理。常用的字符串处理函数有:字符串输入函数 gets(字符数组)、字符串输出函数 puts(字符串)、字符串比较函数 strcmp(字符串 1,字符串 2)、字符串拷贝函数 strcpy(字符数组,字符串)、字符串连接函数 strcat(字符数组,字符串)、字符串长度测试函数 strlen(字符串)等。以上函数的参数中字符串可以是字符串常量,也可以是字符数组。

6.2 习 题 解 答

一、单项选择题

1. 下列有关数组的说法错误的是(B)。

  A. 必须先定义,后使用

  B. 定义数组的长度可以用一个已经赋值的变量表示

  C. 数组元素引用时,下标从 0 开始

  D. 数组中的所有元素必须是同一种数据类型

解析:定义数组的长度必须是常量或常量表达式,不能用一个已经赋值的变量表示。

2. 下列描述中错误的是(C)。

  A. 字符型数组中可以存放字符串

  B. 可以对字符型数组进行整体输入、输出

  C. 可以对整型数组进行整体输入、输出

D. 不能在赋值语句中通过赋值运算符"="对字符型数组进行整体赋值

解析：对于数值型数组，只能逐个引用数组元素，不能进行整体输入、输出。

3. 以下定义语句中，错误的是（ D ）。

  A. int a[]={1,2};   B. char a[3*4];

  C. char s[10]="test";   D. int n=5,a[n];

解析：定义数组时，表示数组长度的表达式可以是常量或常量表达式，但不能用变量定义数组的长度，给数组全部元素赋值初始化时，可以省略数组长度。

4. 下列正确的二维数组定义是（ B ）。

  A. int a[2][]={{1,2},{2,4}};   B. int a[][2]={1,2,3,4};

  C. int a[2][2]={{1},{2},{3},{4}}; D. int a[][]={{1,2},{3,4}};

解析：二维数组定义并初始化时，第一维的长度可以省略，但第二维长度不能省略，所以选项 A 和 D 错误；初值列表中{}的个数是二维数组的第一维长度，选项 C 中有 4 个{}，而定义第一维长度却是 2，因此，只有选项 B 正确。

5. 若有以下说明 int a[][4]={1,2,3,4,5,6,7,8,9}，则数组的第一维大小是（ B ）。

  A. 2   B. 3   C. 4   D. 不确定

解析：二维数组初始化时，第一维长度可以省略，其值根据初值列表来确定，如果初值列表中有{}，则由{}的个数确定第一维长度，如果初值列表中没有{}，则用初值个数除以第二维的长度，若整除，则商为第一维长度，若不能整除，则商加 1 为第一维长度。

6. 下列选项正确的是（ D ）。

  A. char str[8];str="xuesheng"; B. char str[];str="xuesheng";

  C. char str[8]="xuesheng";   D. char str[]="xuesheng";

解析：数组名为地址常量，不能放在赋值符号左边，所以 A、B 不正确。字符串后有一个字符串结束标志'\0' 与字符串一起存放在内存中，C 语言中字符串长度为 8，加上字符串结束标志，在内存中需要 9 个字节，而数组长度为 8，所以错误。一维数组初始化时可以省略长度，所以 D 正确。

7. 若有 char a[10]="xuesheng";，则下列不能输出该字符串的是（ D ）。

  A. puts(a);

  B. printf("%s",a);

  C. int i;for(i=0;i<8;i++)printf("%c",a[i]);

  D. putchar(a);

解析：putchar 函数只能输出一个字符。

8. 对于字符串的操作，下列说法中正确的是（ C ）。

  A. 可用赋值表达式对字符数组赋值，如 char str[20];str="xuesheng";

  B. 若有字符数组 a 和 b，且 a>b，则 strcmp(a,b)为非负数

  C. 可用 strcpy 函数进行字符串的复制来完成字符数组的赋值

  D. 字符串"hello"在内存中占用 5 个字节

解析：经常用 strcpy 函数进行字符串的复制来完成字符数组的赋值。

二、程序填空题

1. 以下程序是把一个字符串中的所有小写字母字符全部转换成大写字母字符，其他字

符不变,结果保存在原来的字符串中,请填空。

```c
#include <stdio.h>
#include <string.h>
#define N 80
void main()
{
    int j;
    char str[N] = " 123abcdef ABCDEF!";
    printf(" *** original string *** \n");
    puts(str);
    for(j = 0;      str[j]!= '\0'     j++)
    {
        if(str[j]> = 'a'&&str[j]< = 'z')
        {
            str[j] =     str[j] - 32    ;
        }
        else
            str[j] = str[j]          ;
    }
    printf(" ****** new string ****** \n");
    puts(str);
}
```

解析:要判断字符串中的每个字符,循环初值从 0 开始,循环终值应为字符是否为'\0'或字符串长度减 1,所以第一空填 str[j]!=0 或 str[j]!= '\0'或 j < strlen(str);大写字母的 ASCII 值是小写字母的 ASCII 值减去 32,所以第二空填 str[j]−32;如果本身不是小写字母,就不需要转换,所以第三空填 str[j]=str[j]。

2. 下面程序产生并输出杨辉三角的前 7 行,请完成程序填空。

```
1
1 1
1 2 1
1 3 3 1
1 4 6 4 1
1 5 10 10 5 1
1 6 15 20 15 6 1
```

```c
#include <stdio.h>
void main ()
{
    int a[7][7];
    int i,j,k;
    for (i = 0;i < 7;i++)
    {
        a[i][0] = 1;
        a[i][i] = 1;
    }
    for (i = 2;i < 7;i++)
        for (j = 1;j <  i  ;j++)
            a[i][j] =  a[i-1][j-1] + a[i-1][j]  ;
```

```
        for (i = 0;i < 7;i++)
        {
            for (j = 0;   j <= i  ;j++)
                printf("% 6d",a[i][j]);
            printf("\n");
        }
    }
```

解析：首先给杨辉三角的第 0 列和对角线上的所有元素都赋值 1，所以第一个空填 a[i][i]＝1，然后求其他元素值，其他元素的计算公式是其上一行的前一列元素值＋上一行元素值，第二空填 a[i−1][j−1]＋a[i−1][j]。最后输出矩阵的左下三角的所有元素值即可，在控制循环变量时，列标应该小于或等于行标，所以第三空填 j<＝i。

3. 请补充完整程序实现把一个整数转换成字符串，并逆序保存在字符数组 str 中。例如：当 n＝13572468 时，str＝"86427531"。

```
# include < stdio. h >
# include < string. h >
# define N 80
void main( )
{
    long int n = 13572468;
    int i = 0;
    char str[N];
    printf(" ***  the origial data *** \n");
    printf("n = % 1d",n);
    while(           n > 0                )
    {
        str[i] =            n % 10 + '0'            ;
        n/ = 10;   i++;
    }
              str[i] =  '\0'              ;
    printf("\n % s\n",str);
}
```

解析：首先应求出整数的个位数字并将其转换为相应的数字字符，作为字符串的第一个字符，继续求出商的个位数字并将其转换为相应的数字字符，作为字符串的下一个字符，以此类推，直到商为 0 结束。所以循环条件是 n!＝0 或者 n＞0；第二空是求个位数字并转换为数字字符，所以填 n％10＋'0'或 n％10＋48；循环结束后，应在字符串后加一字符串结束标志，所以第三空填 str[i]＝'\0'或者 str[i]＝0。

三、阅读程序题

1. 以下程序的输出结果是 852 。

```
# include < stdio. h >
void main( )
{
    int   i,a[10];
    for(i = 9;i > = 0;i -- )
        a[i] = 10 - i;
```

```
        printf("%d%d%d",a[2],a[5],a[8]);
}
```

解析：循环中给 a[i]赋值 10－i,所以输出 a[2]为 8,a[5]为 5,a[8]为 2。

2. 以下程序的输出结果是＿＿5,20＿＿。

```
# include < stdio. h >
# include < string. h >
void main()
{
    char st[20] = "hello\0\t\\";
    printf("%d,%d\n",strlen(st),sizeof(st));
}
```

解析：strlen 函数是求字符串的长度,'\0'前面有 5 个字符,所以字符串长度为 5,sizeof()运算符是求数组所占内存的字节数,此题中为字符数组,所以数组的长度即为该数组所占内存字节数为 20。

3. 有以下程序：

```
# include < stdio. h >
# include < string. h >
void main()
{
    char a[] = {'a','b','c','d','e','f','g','h','\0'};
    int i,j;
    i = sizeof(a);
    j = strlen(a);
    printf("%d,%d\n",i,j);
}
```

程序运行后的输出结果是＿＿9,8＿＿。

解析：此题与第 2 题相似,字符串的长度是字符串本身字符的个数,不包括其结束标志'\0'。

4. 有以下程序：

```
# include < stdio. h >
void main()
{
    int   m[][3] = {1,4,7,2,5,8,3,6,9};
    int   i,j,k = 2;
    for(i = 0;i < 3;i++)
    printf("%d ",m[k][i]);
}
```

执行后输出结果是＿＿3 6 9＿＿。

解析：数组共有三行,第 0 行元素值为 1,4,7;第一行元素值为 2,5,8;第二行元素值为 3,6,9。循环语句中输出的是第二行中所有元素值。

5. 有以下程序：

```
# include < stdio. h >
void main()
```

```
{
    int x[] = {1,3,5,7,2,4,6,0},i,j,k;
    for(i = 0;i < 3;i++)
        for (j = 2;j >= i;j-- )
                    if(x[j + 1]>x[j]){k = x[j];x[j] = x[j + 1];x[j + 1] = k;}
    for (i = 0;i < 3;i++)
            for(j = 4;j < 7 - i;j++)
            if(x[j]>x[j + 1]){ k = x[j];x[j] = x[j + 1];x[j + 1] = k;}
    for (i = 0;i < 8;i++)
        printf("% d ",x[i]);
    printf("\n");
}
```

程序运行后的输出结果是 __75310246__ 。

解析：程序中两个双重循环都是冒泡排序算法。第一个双重循环实现 x[0]～x[3] 的从大到小排序,第二个双重循环实现 x[4]～x[7] 的从小到大排序。所以输出结果为 7 5 3 1 0 2 4 6。

6. 以下程序运行后的输出结果是 __1 3 7 15__ 。

```
# include < stdio. h>
void main()
{
    int i,n[] = {0,0,0,0,0};
    for(i = 1;i < = 4;i++)
    {
        n[i] = n[i - 1] * 2 + 1;
        printf("% d ",n[i]);
    }
}
```

解析：此程序为由公式 n[i] = n[i-1] * 2+1 递推计算 n[1]～n[4] 的值,并输出,且 n[0]=0。

7. 下列程序段的输出结果是 __hello__ 。

```
# include < stdio. h>
void main()
{
    char   b[] = "hello,you";
    b[5] = 0;
    printf("% s\n",b);
}
```

解析：给 b[0] 赋值 0,ASCII 值为 0 的字符是'\0',所以 b[5] 中字符为字符串的结束符,输出的字符串为 b[0]～b[4] 中的字符,即 hello。

四、程序设计题

1. 用筛选法求 200 之内的所有素数。

分析：筛选法主要是以不大于 $\sqrt{n}$ 的素数为筛子,逐个地将筛子的倍数筛掉,留下来的就是所求区间内的素数。具体做法是:先将 1 筛掉;然后用 2 去除它后面的各个数,把能被 2

整除的数筛掉；再用 3 去除它后面的各个数，把能被 3 整除的数筛掉；再用紧邻的素数 5 去除它后面的各个数，把能被其整除的数筛掉；以此类推，直到用 $\sqrt{n}$。

参考程序如下：

```c
#include <stdio.h>
#include <math.h>
void main()
{
    int i,j,n,a[200];
    for(i=0;i<200;i++)
        a[i]=i+1;
        a[0]=0;                          /* 筛掉 1 */
    for(i=1;i<sqrt(200)&&a[i]!=0;i++)
        for(j=i+1;j<=200&&a[j]!=0;j++)
            if(a[i]!=0&&a[j]!=0)
                if(a[j]%a[i]==0)
                    a[j]=0;              /* 用 a[j]=0 表示 a[j]被筛掉 */
    printf("200 之内的素数有:\n");
    for(i=0,n=0;i<200;i++)
    {
        if(a[i]!=0)
        {
            printf("%6d",a[i]);
            n++;
        }
        if(n==8)
        {
            printf("\n");
            n=0;
        }
    }
}
```

2. 输入 10 个整数，用冒泡法对这 10 个整数进行从大到小排序。

分析：冒泡法的思路是将相邻两个数进行比较，把较小的数据交换到前面。从纵向来看，这些数据交换过程中较小的数据就像水中的气泡不断地浮出。详细过程可参见教材。为了提高程序效率，对教材中的程序进行了修改，只有数据需要交换时，才执行数据交换语句（程序中的 13～18 行）。

参考程序如下：

```c
#include <stdio.h>
void main()
{
    int i,j,a[10],temp,flag=1;        /* 用 flag=0 表示某一趟排序中不出现元素交换 */
    printf("请输入 10 个整数:\n");
    for(i=0;i<10;i++)
        scanf("%d",&a[i]);
    for(i=0;i<9&&flag==1;i++)
    {
```

```
            flag = 0;
            for(j = 0;j < 9 − i;j++)
                if(a[j] > a[j + 1])
                {
                    temp = a[j];
                    a[j] = a[j + 1];
                    a[j + 1] = temp;
                    flag = 1;
                }
            }
            printf("排序后的数据为：\n");
            for(i = 0;i < 10;i++)
                printf("% 4d",a[i]);
            printf("\n");
}
```

3. 求一个 5×5 的整型矩阵中各行元素及各列元素之和。

分析：用循环实现各行或各列元素值的累加。

参考程序如下：

```
# include < stdio. h >
void main()
{
    int a[5][5],col[5],row[5];        /* row 为行元素和,col 为列元素和 */
    int i,j;
    printf("请输入 5 行,每行 5 个整数：\n");
    for(i = 0;i < 5;i++)
        for(j = 0;j < 5;j++)
            scanf("% d",&a[i][j]);
    for(i = 0;i < 5;i++)              /* 求行元素和 */
    {
        row[i] = 0;
        for(j = 0;j < 5;j++)
            row[i] += a[i][j];        /* 行累加 */
    }
    for(j = 0;j < 5;j++)              /* 求列元素和 */
    {
        col[j] = 0;
        for(i = 0;i < 5;i++)
            col[j] += a[i][j];        /* 列累加 */
    }
    for(i = 0;i < 5;i++)
        printf("第 % d 行元素之和为 % d\n",i + 1,row[i]);
    for(i = 0;i < 5;i++)
        printf("第 % d 列元素之和为 % d\n",i + 1,col[i]);
}
```

4. 将一个数组中的值按逆序重新存放。例如，原来顺序为 10,60,5,42,19,要求改为
19,42,5,60,10。

分析：以中间元素为界,两侧相对元素进行互换即可。

参考程序如下：

```c
# include < stdio. h >
# define N 10
void main( )
{
    int   a[N], i, temp;
    printf("请输入 % d 个整数: \n", N);
    for(i = 0; i < N; i++)                /* 输入数据 */
        scanf(" % d", &a[i]);
    printf("原来顺序为: \n");
    for(i = 0; i < N; i++)
        printf(" % 5d", a[i]);
    printf("\n");
    for(i = 0; i < N/2; i++)              /* 逆序存放 */
    {
        temp = a[i];
        a[i] = a[N - i - 1];
        a[N - i - 1] = temp;
    }
    printf("逆序存放后的顺序为: \n");
    for(i = 0; i < N; i++)
        printf(" % 5d", a[i]);
    printf("\n");
}
```

5. 有一篇文章,共有 30 行文字,每行有 50 个字符。要求分别统计出其中英文字母、数字,以及其他字符的个数。

分析：对每一行中的每一个字符进行判断,若为数字,则数字计数加 1,若为字符,则字符计数加 1,否则其他字符计数加 1。

参考程序如下：

```c
# include < string. h >
# include < stdio. h >
# include < ctype. h >
void main( )
{
    char s[30][51];
    int i, j;
    int i1, i2, i3;
    i1 = i2 = i3 = 0;
    for(i = 0; i < 30; i++)
    {
        printf("输入第 % d 行字符串: ", i + 1);
        gets(s[i]);
        for(j = 0; s[i][j]!= '\0'; j++)
            if(isalpha(s[i][j])) i1++;
            else if(isdigit(s[i][j]))  i2++;
            else  i3++;
    }
```

```
        printf("英文字母为: % d    数字为: % d    其他字符为: % d\n", i1,i2,i3);
}
```

6. 编写程序,将两个字符串 s1 和 s2 连接起来,不要用 strcat 函数。

分析:先找到字符串 s1 的结束位置,从该位置开始,逐个把字符串 s2 中的字符通过数组元素赋值连接到字符串 s1 后。

参考程序如下:

```
# include < stdio. h>
void main()
{
        char str1[80],str2[40];
        int i,j;
        printf("请输入第一个字符串: \n");
        gets(str1);
        printf("请输入第二个字符串: \n");
        gets(str2);
        for(i = 0;str1[i]!= '\0';i++);            / * 找出字符串 s1 的结束位置 * /
        for(j = 0;str2[j]!= '\0';j++)
          str1[i + j] = str2[j];
        str1[i + j] = '\0';
        printf("连接后的字符串为:\n");
        puts(str1);
}
```

6.3   练习与答案

一、单项选择题

1. int a[10];合法的数组元素的最小下标值为(   )。

   A. 10   B. 9   C. 1   D. 0

2. 若 char a[10];已正确定义,以下语句中不能从键盘上给 a 数组的所有元素输入值的语句是(   )。

   A. gets(a);

   B. scanf("%s",a);

   C. for(i=0;i<10;i++)a[i]=getchar();

   D. a=getchar();

3. int a[10];给数组 a 的所有元素分别赋值为 1、2、3、…的语句是(   )。

   A. for(i=1;i<11;i++)a[i]=i;   B. for(i=1;i<11;i++)a[i−1]=i;

   C. for(i=1;i<11;i++)a[i+1]=i;   D. for(i=1;i<11;i++)a[0]=1;

4. 对以下说明语句 int a[10]={6,7,8,9,10};的正确理解是(   )。

   A. 将 5 个初值依次赋给 a[1]~a[5]

   B. 将 5 个初值依次赋给 a[0]~a[4]

   C. 将 5 个初值依次赋给 a[6]~a[10]

   D. 因为数组长度与初值的个数不相同,所以此语句不正确

5. 以下不正确的定义语句是( )。

    A. double x[5]={2.0,4.0,6.0,8.0,10.0};

    B. int y[5]={0,1,3,5,7,9};

    C. char c1[]={'1','2','3','4','5'};

    D. char c2[]={'\x10','\xa','\x8'};

6. 若有说明：int a[10];,则对 a 数组元素的正确引用是( )。

    A. a[10]   B. a(3,5)   C. a(5)   D. a[10−10]

7. 在 C 语言中,一维数组的定义方式为：类型说明符 数组名( )。

    A. [常量表达式]   B. [整型表达式]

    C. [整型常量]或[整型常量表达式]   D. [整型常量]

8. 以下不能对一维数组 a 进行正确初始化的语句是( )。

    A. int a[10]=(0,0,0,0,0)   B. int a[10]={1,2,3,4,5};

    C. int a[]={0};   D. int a[10]={10*1};

9. 以下对一维整型数组 a 的正确说明是( )。

    A. int a(10);

    B. int n=10,a[n];

    C. int n; scanf("%d",&n); int a[n];

    D. #define SIZE 10 （换行） int a[SIZE];

10. 以下定义语句中,错误的是( )。

    A. int a[]={1,2};   B. char * a[3];

    C. char s[10]="test";   D. int n=5,a[n];

11. 假定 int 类型变量占用两个字节,其有定义：int x[10]={0,2,4};,则数组 x 在内存中所占字节数是( )。

    A. 3   B. 6   C. 10   D. 20

12. 下面声明不正确的是( )。

    A. char a[10]="china";   B. char a[10], * p=a;p="china"

    C. char * a;a="china";   D. char a[10], * p;p=a="china"

二、阅读程序题

1. 有以下程序：

```
main()
{ char s[] = "\n123\\";
printf(" %d, %d\n",strlen(s),sizeof(s));
}
```

执行后输出结果是_____。

2. 下面程序运行后,输出结果是_____。

```
# include < stdio. h >
void main()
{
    char s[] = "after", c;
```

```
    int i, j = 0;
    for (i = 1; i < 5; i++)
        if (s[j] < s[i])
            j = i;
    c = s[j]; s[j] = s[i]; s[i] = c;
    printf("% s\n", s);
}
```

三、程序填空题

1. 以下程序是用选择法对 20 个整数按升序排序,请完成程序填空。

```
【1】
void main()
{
    int i, j, k, t, a[N];
    for(i = 0; i <= N - 1; i++)
    scanf("% d", &a[i]);
    for(i = 0; i < N - 1; i++)
    {
        【2】;
        for(j = i + 1; 【3】; j++)
          if(a[j] < a[k])   k = j;
            if(【4】)
            {
                t = a[i];
                a[i] = a[k];
                a[k] = t;
            }
    }
    printf("output the sorted array:\n");
    for(i = 0; i <= N - 1; i++)
        printf("% 5d", a[i]);
    printf("\n");
}
```

2. 以下程序是将一个数组中的元素按逆序存放并输出。例如原数组为{1,4,3,6,7},
则新数组为{7,6,3,4,1}。请完成程序填空。

```
# define N 7
main()
{
    static int a[N] = {12,9,16,5,7,2,1}, k, s;
    printf("\n the origanal array:\n");
    for (k = 0; k < N; k++)
        printf("% 4d", a[k]);
    for (k = 0; k < N/2; 【1】)
    {
        s = a[k];
        【2】;
        【3】;
    }
    printf("\n the changed array:\n");
    for (k = 0; k < N; K++)
    【4】("% 4d", a[k]);
}
```

3. 打印以下图形。请完成填空。

```
                    *****
                     *****
                      *****
                       *****
                        *****
```

```c
# include < stdio. h>
void main ()
{
    char a[5][9] = {" "};
    int i;                    / * 行 * /
    int j;                    / * 列 * /
    for (i = 0;i < 5;i++)
        for(j = i; 【1】;j++)
            a[i][j] = ' * ';
    for(【2】;i < 5;i++)
    {
        for(j = 0;j < 9;j++)
            printf(" % c", 【3】);
        【4】;
    }
}
```

4. 下面程序的功能是输出 26 个大写英文字母。请填空。

```c
# include < stdio. h>
void main ()
{
    char string[256];
    int i;
    for (i = 0; i < 26;【1】)
        string[i] = 【2】;
    string[i] = '\0';
    printf ("the arrary contains % s\n",【3】);
}
```

5. 删除字符串中的指定字符,字符串和要删除的字符均由键盘输入。请填空。

```c
# include < stdio. h>
void main()
{
    char str[80],ch;
    int i,k = 0;
    gets(【1】);
    ch = getchar();
    for(i = 0;【2】;i++)
        if(str[i]!= ch)
        {
            【3】;
            k++;
        }
```

```
    【4】;
    puts(str);
}
```

四、程序改错题

下面程序的功能是输入一个数 number,插入到已排好序的一维数组中,使一维数组仍然有序。

```
void main()
{
    int a[11] = {1,4,6,9,13,16,19,28,40,100};
    int temp1,temp2,number,end,i,j;
/* ********** FOUND1 ********** */
    for(i = 0;i < = 10;i++)
        printf(" % 5d",a[i]);
    printf("\n");
    scanf(" % d",&number);
/* ********** FOUND2 ********** */
    end = a[10];
    if(number > end)
/* ********** FOUND3 ********** */
        a[11] = number;
    else
    {
        for(i = 0;i < 10;i++)
        {
/* ********** FOUND4 ********** */
            if(a[i]< number)
            {
                temp1 = a[i];
                a[i] = number;
                for(j = i + 1;j < 11;j++)
                {
                    temp2 = a[j];
                    a[j] = temp1;
                    temp1 = temp2;
                }
                break;
            }
        }
    }
    for(i = 0;i < 11;i++)
    printf(" % 6d",a[i]);
}
```

五、程序设计题

1. 从 n 名学生的成绩中统计出高于平均分的学生人数。例如:当 n=5 时,5 个成绩分别为 78,88,65,90,72。则高于平均分的人数为 2(平均分=78.6)。

2. 字符串 str 由数字字符'0'和'1'组成(长度不超过 8 个字符),可以看作二进制数,编写程序把该字符串转换成十进制数后输出。

练习参考答案

一、单项选择题

1. D 2. D 3. B 4. B 5. B 6. D 7. C 8. A 9. D 10. D 11. D 12. D

二、阅读程序题

1. 5,6   2. af

三、程序填空题

1.【1】＃define N 20 【2】k＝i 【3】j＜N 【4】k！＝i

2.【1】k++ 【2】a[k]＝a[N－k－1] 【3】a[N－k－1]＝s 【4】printf

3.【1】j＜i＋5【2】i＝0 【3】a[i][j] 【4】printf("\n")

4.【1】i++ 【2】'A'＋i 【3】string

5.【1】str 【2】str[i]！＝'\0' 【3】str[k]＝str[i] 【4】str[k]＝'\0'

四、程序改错题

FOUND1：for(i＝0;i＜10;i++)   FOUND2：end＝a[9];

FOUND3：a[10]＝number;   FOUND4：if(a[i]＞number)

五、程序设计题

1. 从 n 名学生的成绩中统计出高于平均分的学生人数。例如：当 n＝5 时,5 个成绩分别为 78,88,65,90,72。则高于平均分的人数为 2(平均分＝78.6)。

参考程序如下：

```
# include < stdio. h>
# define N 20
void main()
{
    float s[N], sum = 0, ave;
    int i, n, count = 0;
    printf("input student number :\n");
    scanf("%d", &n);
    printf("input %d score:\n", n);
    for(i = 0; i < n; i++)
    {
        scanf("%f", &s[i]);
        sum += s[i];
    }
    ave = sum/n;
    for(i = 0; i < n; i++)
    {
        if(s[i] > ave)
            count++;
    }
    printf("高于平均成绩人数为：%d\n", count);
}
```

2. 字符串 str 由数字字符'0'和'1'组成(长度不超过 8 个字符),可以看作二进制数,编写程序把该字符串转换成十进制数后输出。

参考程序如下：

```
# include < stdio. h >
void main( )
{
    char str[9];
    int i,j,l,n = 1,m,x = 0;
    printf("input a string made up of '0' or '1' :\n");
    gets(str);
    l = strlen(str);
    for(i = 0;str[i]!= '\0';i++)
    {
        n = 1;
        for(j = 1;j < l;j++)
            n = n * 2;
        m = (str[i] - '0') * n;
        x = x + m;
        l -- ;
    }
    printf("所求十进制数为： % d\n",x);
}
```

第7章 函数与预处理

7.1 本 章 要 点

（1）C语言源程序是由一个 main 函数和若干个其他函数构成，在所有函数中有且仅有一个 main 函数，而且不管 main 函数的位置如何，程序都是从 main 函数开始执行，在 main 函数中结束。

（2）在C语言中，可以从不同角度对函数进行分类。

① 从用户使用的角度看，分为库函数和用户自定义函数两种。

② 从函数的形式看，分为无参函数和有参函数两种。

③ 从被调用函数有无返回值的角度，分为有返回值和无返回值函数。

（3）函数的定义就是对函数所要完成的操作进行描述，即编写一段程序，使该段程序完成所指定的功能。C程序中所有的函数都是平行的，在定义函数时互相独立，一个函数并不从属于另一个函数，即函数不能嵌套定义。

（4）函数定义由函数首部和函数体两部分组成。函数定义的一般形式为：

```
[返回值类型]  函数名([形式参数列表及类型说明]) /＊函数首部＊/
{                                            /＊{}内包含的内容称为函数体＊/
    [变量定义部分]
    [语句部分]
}
```

（5）对于有返回值函数，通过 return 语句把返回值返回给主调函数。

① 函数中可以有多个 return 语句，无论执行哪个 return 语句，被调用函数均返回主调函数，并带回返回值。

② return 只能返回一个值，而不能返回多个值。

③ 如果函数中没有 return 语句，并不代表函数没有返回值，只能说明函数的返回值是一个不确定的值。为了使程序有良好的可读性并减少出错，对于不需要返回值的函数建议定义为 void 类型。

（6）C程序中的函数，只有被调用时其中的语句才会被执行。由 main 函数调用其他函数，其他函数不能调用 main 函数；其他函数间可以相互调用，同一个函数也可以被一个或多个函数任意调用多次，通过这种调用可以实现程序的总体功能。

（7）函数调用的一般形式为：

```
函数名(实际参数表)        /＊有参函数的调用＊/
```

或

函数名()   /* 无参函数的调用 */

按被调用函数在主调函数中的位置,通常有以下两种调用方式。

① 函数表达式:适用于有返回值函数。

② 函数调用语句:适用于无返回值函数。

(8) 函数调用的执行过程如下。

① 根据函数名找到被调用函数,若没找到,系统将报告出错信息;若找到,继续执行。

② 按一定顺序计算各实参的值。

③ 将实参的值传递给形参。

④ 中断在主调函数中的执行,转到被调用函数的函数体中执行。

⑤ 遇到 return 语句或函数结束的}时,返回主调函数,并带回函数返回值。

⑥ 从主调函数的中断处继续执行。

(9) 对于有参函数,在调用函数时存在着形参和实参之间的数据传递。

① 只有函数被调用时,编译系统才为该函数的形参分配存储空间。在调用结束后,形参自动从内存中被释放掉。注意形参是随函数的调用而产生,随函数调用的结束而消亡。

② 在函数调用时实参必须要有一个确定的值,它可以是常量、变量、数组元素或表达式。在函数调用时实参的值赋给形参。实参的个数和类型必须和形参的个数和类型相同,或者类型赋值兼容。

③ C语言规定,实参对形参的数据传递是"值传递",这是一个单向传递过程,所以在实参与形参传值完成后,在函数内部对形参的任何改变都不会对相应的实参产生任何影响。

(10) 在函数中,若需调用其他函数,调用前要对被调用的函数进行函数声明。函数声明的一般形式为:

返回值类型 被调用函数名(类型 形参名,类型 形参名,…);

或

返回值类型 被调用函数名(类型,类型…);

C语言规定在以下几种情况中,可以不在主调函数中对被调用函数原型进行声明。

① 如果被调用函数的返回值是整型或字符型时,可以不对被调用函数声明,而直接调用。但为了程序清晰和安全,建议都加以声明为好。

② 如果被调用函数定义在主调函数之前,也可不对其进行声明。

③ 函数声明的地点,可以在所有函数之外,也可以在某个函数之中。若在函数之外,则处于其声明之下的所有函数都可以引用它;若在函数之中,则只有本函数可以引用它。

(11) 函数的嵌套调用:允许一个函数被其他函数调用,同时它也可以调用其他函数。

(12) 一个函数在它的函数体内直接或间接调用自己称为递归调用。实际上递归调用是嵌套调用的一种特殊形式,C语言允许函数递归调用。递归调用可以使程序简洁、代码紧凑,但会降低程序的运行效率。采用递归方法来解决问题,必须符合以下三个条件。

① 可以把要解决的问题转化为一个新问题,而这个新问题的解决方法仍与原来的解决方法相同,只是所处理的对象有规律地递减;如果没有规律也就不能使用递归调用。

② 可以应用这个转化过程使问题得到解决。

③ 必定要有一个明确的结束递归的条件。

（13）数组名作为函数的参数，其本质是把数组的首地址传给形参（地址传递），使形参数组与实参数组共享同一段存储空间。因此在被调用函数中对形参数组的访问，实质上就是对主调函数中实参数组的访问。用数组名作函数参数，应该在主调函数和被调用函数中分别定义数组，且数据类型必须一致，否则结果将出错。

（14）C语言中的变量，按作用域范围可分为局部变量和全局变量两种。

① 在一个函数内部定义的变量称作局部变量，这种变量的作用域是在本函数范围内。通俗一点说，局部变量只能在定义它的函数内部使用，而不能在其他函数内使用这个变量。在复合语句内部也可以定义变量，这些变量只能在本复合语句内使用。

② 在函数外部定义的变量称作外部变量，外部变量属于全局变量。全局变量的作用域是从定义变量的位置开始到本源文件结束。

（15）从变量的生存期来分，变量分为静态存储变量和动态存储变量。在C语言中，变量的存储类型有auto、extern、static和register 4种。C语言编译系统规定，函数内定义的变量（包括形参）默认为auto类型，函数外定义的变量默认为extern类型。

auto和register型变量的生存期和作用域一致，都是在定义它的函数内；extern和static型变量的生存期是整个程序运行期间。

如果将局部变量定义为static类型，则它的作用域不变，但在程序运行期间都存在；如果将全局变量定义为static类型，则它的作用域局限于本源文件中，但生存期不变。静态全局变量和外部变量通常用于多个源文件组成的大程序。

（16）ANSI C标准规定可以在C源程序中加入"预处理命令"，预处理命令不是C语言本身的组成部分，放在函数之外。预处理是C语言的一个重要功能，它由预处理程序负责完成。

（17）宏定义是用宏名代替一个字符串，在宏展开时又以该字符串取代宏名，这只是一种简单的置换，字符串中可以含任何字符，可以是常数，也可以是表达式。宏定义必须写在函数之外，宏名的有效范围为宏定义命令之后到本源文件结束。宏定义不是语句，在行末不必加分号，如加上分号则连分号也一起置换。

（18）文件包含是指将一个源文件的全部内容包含到另一个源文件中。文件包含命令中的文件名可以用双引号括起来，也可以用尖括号括起来。一个include命令只能指定一个被包含文件，若有多个文件要包含，则需用多个include命令。文件包含允许嵌套，即在一个被包含的文件中又可以包含另一个文件。

7.2 习题解答

一、单项选择题

1. 在调用函数时，如果实参是简单变量，它与对应形参之间的数据传递方式是（ B ）。

　　A. 地址传递　　　　　　　　　　　B. 单向值传递

　　C. 由实参传给形参，再由形参传回实参　　D. 传递方式由用户指定

解析：在C语言中，函数调用时实参对形参赋值的方式是"值传递"，这是一个单向传递过程。

2. C语言中不可以嵌套的是（ B ）。

    A. 函数调用   B. 函数定义   C. 循环语句   D. 选择语句

3. 有如下函数调用语句：func(rec1,rec2＋rec3,(rec4,rec5));，该函数调用语句中,含有的实参个数是（ A ）。

    A. 3   B. 4   C. 5   D. 有语法错

解析：函数调用语句中各实参用逗号隔开,最后一个表达式(rec4,rec5)为逗号表达式。

4. 以下所列的各函数首部中,正确的是（ C ）。

    A. void play(var a:Integer,var b:Integer)   B. void play(int a,b)

    C. void play(int a,int b)   D. Sub play(a as integer,b as integer)

解析：在此题中,A和D的格式不符合C语言语法要求,而函数首部要求各形参分别定义其类型,所以B不正确,而C正确。

5. 以下只有在使用时才为该类型变量分配内存的存储类别说明是（ B ）。

    A. auto 和 static   B. auto 和 register

    C. register 和 static   D. extern 和 register

解析：静态(static)变量和外部(extern)变量在编译时分配内存,自动(auto)变量和寄存器(register)变量只有在使用时才为该类型变量分配内存。

6. 以下叙述中正确的是（ A ）。

    A. 构成C程序的基本单位是函数

    B. 可以在一个函数中定义另一个函数

    C. main 函数必须放在其他函数之前

    D. 所有被调用的函数一定要在调用之前进行定义

解析：本题的考查点是对函数的理解。

选项B,所有函数都是平等的,即在定义函数时是互相独立的,一个函数并不从属于另一函数,即函数不能嵌套定义,但可以互相调用,但不能调用 main 函数。所以此选项不对。

选项C和D也不对,因为 main 函数和其他函数的定义位置可以任意。故本题答案为A。

7. C语言中,函数值类型的定义可以缺省,此时函数值的隐含类型是（ B ）。

    A. void   B. int   C. float   D. double

解析：本题的考查点是函数值的类型。C语言规定,凡不加类型说明的函数,一律自动按整型处理。故本题答案为B。

8. 若程序中定义了以下函数：

```
double myadd(double a,double b)
{return (a＋b);}
```

并将其放在调用语句之后,则在调用之前应该对函数进行声明,以下选项中错误的声明是（ A ）。

    A. double myadd(double a, b);

    B. double myadd(double,double);

    C. double myadd(double b, double a);

D. double myadd(double x，double y)；

解析：对函数的定义和声明不是一回事。定义是指对函数功能的确立，包括函数首部和函数体两部分，它是一个完整的、独立的函数单位。而声明则是说明函数的类型和参数的情况，以保证程序编译时能判断对该函数的调用是否正确。

本题选项 A 中，对变量 b 的类型没有说明，不合题意，故本题答案为 A。

9. C 程序中的宏展开是在（　C　）。

  A. 编译时进行的   B. 程序执行时进行的

  C. 编译前预处理时进行的   D. 编辑时进行的

解析：预处理是在编译之前进行。在编译预处理时，对程序中所有出现的"宏名"，都用宏定义中的字符串去换，这称为"宏代换"或"宏展开"。

10. 以下程序的运行结果为（　B　）。

```
# include < stdio. h>
#define  N  5
#define  M  N+1
#define  f(x)  (x*M)
void main()
{
    int i1,i2;
    i1 = f(2);
    i2 = f(1+1);
    printf(" %d %d\n",i1,i2);
}
```

  A. 12　12   B. 11　7   C. 11　11   D. 12　7

解析：宏展开只作简单的字符串替换，所以 f(2)=(2*M)=(2*N+1)=(2*5+1)=11，f(1+1)=(1+1*M)=(1+1*N+1)=(1+1*5+1)=7。

11. 以下叙述中正确的是（　B　）。

  A. 预处理命令行必须位于 C 源程序的起始位置

  B. 在 C 语言中，预处理命令行都以"＃"开头

  C. 每个 C 程序必须在开头包含预处理命令行：＃include

  D. C 语言的预处理不能实现宏定义和条件编译的功能

解析：选项 A 中预处理命令行可以出现在 C 源程序中的任意位置；选项 C 中程序不一定在开头包含预处理命令行：＃include；选项 D 中 C 语言的预处理能够实现宏定义和条件编译的功能。

12. 有以下程序：

```
# define f(x)  (x*x)
void main()
{
    int i1, i2;
    i1 = f(8)/f(4);
    i2 = f(4 + 4)/f(2 + 2);
    printf("%d, %d\n",i1,i2);
}
```

程序运行后的输出结果是（　C　）。

 A. 64, 28   B. 4, 4   C. 4, 3   D. 64, 64

解析：宏展开后 i1＝(8 * 8)/(4 * 4)＝4；i2＝(4＋4 * 4＋4)/(2＋2 * 2＋2)＝3。

二、程序填空题

1. 下列程序的功能是：利用全局变量和函数计算长方体的体积及三个面的面积。

```c
int s1,s2,s3;
int vs( int a, int b, int c)
{
    int v;
    v =  a * b * c ;
    s1 = a * b;
    s2 =  b * c ;
    s3 = a * c;
    return v;
}
void main()
{
    int v,l,w,h;
    printf("\ninput length,width and height: ");
    scanf("%d%d%d",&l,&w,&h);
    v = vs(l,w,h);
    printf("v = %d s1 = %d s2 = %d s3 = %d\n",v,s1,s2,s3);
}
```

2. 程序功能：下列函数为二分法查找 key 值。数组中元素已递增有序,若找到 key 则返回对应的下标,否则返回－1。

```c
int fun( int a[ ], int n, int key)
{
    int low,high,mid;
    low = 0;
    high = n - 1;
    while(low <= high)          /* 所查找的区域有记录 */
    {
        mid = (low + high)/2;    /* 中间位置 */
        if(key < a[mid])
            high = mid - 1;      /* 左半区继续查找 */
        else if(key > a[mid])
            low = mid + 1;       /* 右半区继续查找 */
        else
            return mid;          /* 查找成功 */
    }
    return - 1;                  /* 查找不成功 */
}
void  main()
{
    int a[10] = {1,2,3,4,5,6,7,8,9,10};
    int b,c;
    b = 4;
```

```
c = fun(a,10,b);
if(c == -1)
    printf("not found");
else
printf("position % d\n",c);
}
```

解析：二分法查找的基本思想是：在有序表中,取中间记录作为比较对象,若给定值与中间记录的关键码相等,则查找成功；若给定值小于中间记录的关键码,则在中间记录的左半区继续查找；若给定值大于中间记录的关键码,则在中间记录的右半区继续查找。不断重复上述过程,直到查找成功,或所查找的区域无记录,查找失败。

三、阅读程序题

1. 以下程序的输出结果是__15__。

```
# include < stdio. h>
int   f()
{
    static int i = 0;
    int s = 1;
    s += i;
    i++;
    return s;
}
void main()
{
    int i,a = 0;
    for(i = 0;i < 5;i++) a += f();
    printf(" % d\n",a);
}
```

解析：此题考查的是静态局部变量。在 f 函数的内部定义了一个静态变量 i,对这个函数调用了 5 次。虽然在函数内部有一条赋初值语句,但由于 i 是静态变量,所以只在对 f 函数进行第一次调用时才对 i 进行赋初值,其他次对该函数的调用时就直接使用 i 变量而不再进行赋初值了,所以 i 的值在 5 次函数调用开始时依次为 0,1,2,3,4。s 变量是局部变量,每次函数调用开始时均为 1,所以函数返回值依次为 1,2,3,4,5,在 main 函数中累加得到结果为 15。

2. 下列程序的输出结果是__8　4__。

```
# include < stdio. h>
int d = 1;
fun (int p)
{
    int d = 5;
    d  += p++;
    printf("% d   ",d);
}
void main()
{
```

```
        int a = 3;
        fun(a);
        d += a++;
        printf("%d\n",d);
}
```

解析：此题考查的是全局变量和局部变量的作用域。如果在函数内部局部变量和全局变量重名，则局部变量起作用，外部变量被"屏蔽"，即它不起作用。在 fun 函数中是局部变量 d 起作用，值为 5，形参 p 的值是实参 a 传递过来的，值为 3，相加得到值为 8。(p++是先使用 p 的值再相加，对结果无影响)。在 main 函数中，是全局变量 d 起作用，值为 1，和 a 相加得到值为 4。

3. 下列程序的输出结果是___12___。

```
#include < stdio.h >
int f(int n)
{
        if (n == 1) return 1;
        else return f(n - 1) + 3;
}
void  main()
{
        int i,j = 0;
        for(i = 1;i < 4;i++)
            j += f(i);
        printf("%d\n",j);
}
```

解析：此题考查的是递归调用。在 main 函数中 j = f(1) + f(2) + f(3)，用递归求解问题分为递推和回归两个阶段。

(1) 递推阶段：求 f(3) = f(2) + 3;f(2) = f(1) + 3;f(1) = 1。

(2) 回归阶段：f(1) = 1;f(2) = 4;f(3) = 7。

由此得到 j = 1 + 4 + 7 = 12。

4. 以下程序中的函数 reverse 的功能是将 a 所指数组中的内容进行逆置，程序的输出结果是___22___。

```
#include < stdio.h >
void reverse(int a[],int n)
{
        int i,t;
        for(i = 0;i < n/2;i++)
        {
            t = a[i];a[i] = a[n - 1 - i];a[n - 1 - i] = t;
        }
}
void main()
{
        int b[10] = {1,2,3,4,5,6,7,8,9,10};
        int i,s = 0;
```

```
reverse(b,8);
for(i = 6;i < 10;i++)
    s += b[i];
printf(" % d\n",s);
}
```

解析：此题考查的是数组名作为函数参数。函数调用语句 reverse(b,8)实现了对 b 数组前 8 个元素逆序存放，后两个元素值不变，即 b 数组的 10 个元素在函数 reverse 调用后依次为：{8,7,6,5,4,3,2,1,9,10}，在 main 函数的最后一个循环语句实现 b[6]～b[9]元素的累加，即 s＝2＋1＋9＋10＝22。

四、程序设计题

1. 写两个函数，分别求两个整数的最大公约数和最小公倍数，用 main 函数调用这两个函数，并输出结果，两个整数由键盘输入。

分析：求最大公约数有两种方法：辗转相除法和一般方法，下面对一般方法加以介绍。

参考程序如下：

```
# include < stdio. h >
int maxd (int m,int n)                  /∗用一般方法求 m 和 n 的最大公约数∗/
{
    int i,t;
    if(m > n)                           /∗m 保存的是 m 和 n 的较小值∗/
    {
        t = m;
        m = n;
        n = t;
    }
    for(i = m;i > = 1;i-- )              /∗从 m～1 逐个判断 i 是否为 m 和 n 的公约数∗/
        if(m % i == 0&&n % i == 0)      /∗第一个满足条件的数为最大公约数∗/
            break;
    return i;
}
int minm(int m, int n, int p)           /∗求 m 和 n 的最小公倍数,p 为 m 和 n 的最大公约数∗/
{
    return (m ∗ n/p);
}
void main()
{
    int u,v,m,n;
    printf("请输入两个整数:\n");
    scanf(" % d, % d",&u,&v);
    m = maxd (u,v);
    n = minm(u,v,m);
    printf(" % d 和 % d 的最大公约数为: % d\n",u,v,m);
    printf(" % d 和 % d 的最小公倍数为: % d\n",u,v,n);
}
```

运行结果：

请输入两个整数：

45,85 ↙

45 和 85 的最大公约数为：5

45 和 85 的最小公倍数为：765

2. 编写函数计算并输出给定整数 n（n 的值不大于 1000）的所有因子之和（不包括 1 和它本身）。

参考程序如下：

```c
# include < stdio. h >
int fun(int n);                        /* 声明 fun 函数 */
void main()
{
    int m,k;
    printf("请输入一个整数: ");
    scanf("% d",&m);
    k = fun(m);
    printf("% d 的所有因子之和为: % d\n",m,k);
}
int fun(int n)                         /* 求 n 的所有因子之和 */
{
    int sum = 0,i;
    for(i = 2;i < n;i++)
        if(n % i == 0)                 /* 判断 i 是否是 n 的因子 */
            sum += i;
    return sum;
}
```

3. 编写函数 fun 求数组的最大值；在 main 函数中把 20 个随机数存入一个数组，然后调用 fun 函数，并在 main 函数中输出该最大值。

分析：此题考查如何将随机数赋值给数组元素。调用随机函数的方法如下。

（1）在程序开头应该包含头文件"stdlib. h"。

（2）rand 函数产生一个 0～32 767 之间的随机整数。

将 max 定义为最大值，数组名作为实参。虽然 main 函数和 fun 函数都用 max 代表数组元素的最大值，但它们属于不同的函数，占用不同的存储单元，生存期也不相同。

参考程序如下：

```c
# include < stdio. h >
# include < stdlib. h >                /* 包含 rand 函数的头文件 */
# define N 10
int fun(int b[ ],int n)
{
    int i,max = b[0];                  /* max 为最大值 */
    for(i = 1;i < n;i++) if(b[i] > max) max = b[i];
    return max;
}
void main()
{   int a[N],i,max,k = 0;              /* k 控制一行输出数组元素的个数 */
    for (i = 0;i < N;i++)
        a[i] = rand() % 100;           /* 使数组 a 的元素为 0～99 之间的整数 */
```

```
        for (i = 0;i < N;i++)
        {
            printf(" % 6d    ",a[i]);
            k++;
            if(k % 5 == 0)printf("\n");     /* 一行输出 5 个数组元素 */
        }
        max = fun(a,N);
        printf("\nMaxnum: % 6d\n",max);
    }
```

4. 请编写函数 fun(char str[ ],int num[10]),它的功能是:分别找出字符串中每个数字字符(0,1,2,3,4,5,6,7,8,9)的个数,用 num[0]来统计字符 0 的个数,用 num[1]来统计字符 1 的个数,用 num[9]来统计字符 9 的个数。

分析:本题先对数组 num 初始化,通过 for 循环,将字符串在'0'～'9'之间的字符用 num[ch - '0']++运算进行累加。

参考程序如下:

```
# include < stdio. h >
void fun(char str [],int num[])
{
    int i,j;
    char ch;
    for(i = 0;str[i]!= '\0';i++)
    {
        ch = str[i];
        if(ch > = '0' &&ch < = '9')       /* 判断 ch 为数字 */
        {
            j = ch - '0';                  /* 字符 ch 转换为数字 */
            num[j]++;                      /* 相应的数组元素加 1 */
        }
    }
}
void main()
{
    char s[80];
    int num[10] = {0},i;                   /* 初始化 num 数组中元素全为 0 */
    printf("请输入一个包含数字字符串.\n");
    gets(s);
    fun(s,num);                            /* 调用 fun 函数进行统计 */
    for(i = 0;i < 10;i++)
        printf("字符串中字符 % d 的个数为: % d.\n",i,num[i]);
}
```

5. 编写函数判断一个整数 m 的各位数字之和能否被 7 整除,可以被 7 整除则返回 1,否则返回 0。调用该函数找出 100～200 之间满足条件的所有数。

参考程序如下:

```
# include < stdio. h >
int sub( int m)
{
```

```
        int k,s = 0;
        do
        {
            s = s + m % 10;
            m = m/10;
        }while(m!= 0);
        if(s % 7 == 0)
            k = 1;
        else
            k = 0;
        return (k);
    }
    void main()
    {
        int i;
        for(i = 100;i <= 200;i++)
            if(sub(i) == 1)
                printf(" % 4d",i);
    }
```

运行结果：

106 115 124 133 142 149 151 158 160 167 176 185 194

6. 下面程序中函数 fun 的功能是：根据整型形参 m，计算如下公式的值：

$$y = 1 + 1/2! + 1/3! + 1/4! + \cdots + 1/m!$$

例如：若 m＝6，则应输出 1.718056。

分析：通过 fact 变量来累计 1～n 的乘积，再通过变量 sum 累计分式的和。

参考程序如下：

```
# include < stdio. h >
float fun(int m);                    /* 函数 fun 的原型说明 */
void main()
{
    int n;
    float f;
    printf("请输入一个整数:\n");
    scanf(" % d",&n);
    f = fun(n);
    printf("计算结果为: % f\n",f);
}
float fun(int m)
{
    float sum = 0;
    int i,fact = 1;
    for(i = 1;i <= m;i++)
    {
        fact *= i;                   /* 计算 i 的阶乘 */
        sum += 1.0/fact;             /* 计算累加和 */
    }
```

```
        return sum;
}
```

7. 用递归方法求 Fibonacci 数列：1,1,2,3,5,8,…的第 40 个数，即：

$$f(n) = \begin{cases} 1, & n = 1 \\ 1, & n = 2 \\ f(n-1) + f(n-2), & n > 2 \end{cases}$$

分析：这是一个用递归方程表示的 Fibonacci 数列，适合于用递归函数求解。

参考程序如下：

```
# include < stdio.h >
long fib(int n);                    /* fib 函数的类型说明 */
void main()
{
    long fib1;
    fib1 = fib(40);
    printf("Fibonacci 数列的第 40 个数为： % d\n");
}
long fib(int n)
{
    long m = 0;
    if(n == 1 && n == 2) m = 1;
    else if(n > 2)
        m = fib(n - 1) + fib(n - 2);
    return m;
}
```

运行结果：

Fibonacci 数列的第 40 个数为：2367460

8. 编写程序将输入的小写字符转换为大写字符，要求定义一个带参数的宏来实现。

参考程序如下：

```
# include < stdio.h >
# define TRAN(x)   (x - 'a' + 'A')
void main()
{
    char ch;
    printf("请输入一个小写字母： \n");
    scanf(" % c",&ch);
    if(ch >= 'a' && ch <= 'z')
    {
        ch = TRAN(ch);
        printf("转换后的大写字母为： % c\n",ch);
    }
    else
        printf("输入字符错误，请重新输入!\n");
}
```

9. 三角形的面积公式为 area $= \sqrt{s(s-a)(s-b)(s-c)}$，其中 $s = 0.5(a+b+c), a, b, c$

为三角形的三边。定义两个带参数的宏,一个用来求 s,另一个用来求 area。编写程序,在程序中用宏来求三角形的周长和面积。

参考程序如下:

```
# include < stdio.h >
# include < math.h >
#define S(a,b,c)   0.5 * (a + b + c)
#define AREA(a,b,c) sqrt(S(a,b,c) * (S(a,b,c) - a) * (S(a,b,c) - b) * (S(a,b,c) - c))
void main()
{
    float a,b,c;
    printf("输入三角形的三条边长: a,b,c\n");
    scanf("% f, % f, % f",&a,&b,&c);
    if((a + b > c) && (b + c > a) && (c + a > b))
    {
        printf("周长 = % f\n",2 * S(a,b,c));
        printf("面积 = % f\n", AREA(a,b,c));
    }
    else
        printf("a,b,c 的长度不能构成三角形\n");
}
```

7.3   练习与答案

一、单项选择题

1. 在 C 语言程序中,下面说法正确的是(   )。

    A. 函数的定义可以嵌套,但函数的调用不可以嵌套

    B. 函数的定义不可以嵌套,但函数的调用可以嵌套

    C. 函数的定义和函数调用均可以嵌套

    D. 函数的定义和函数调用不可以嵌套

2. C 语言程序中,当调用函数时(   )。

    A. 实参和形参各占一个独立的存储单元

    B. 实参和形参可以共用存储单元

    C. 可以由用户指定是否共用存储单元

    D. 计算机系统自动确定是否共用存储单元

3. 数组名作为实参传递给函数时,数组名被处理为(   )。

    A. 该数组的长度   B. 该数组的元素个数

    C. 该数组的首地址   D. 该数组中各元素的值

4. 用户定义的函数不可以调用的函数是(   )。

    A. 非整型返回值的   B. 本文件外的

    C. main 函数   D. 本函数下面定义的

5. 在 C 语言中,调用函数除函数名外,还必须有(   )。

    A. 函数预说明   B. 实际参数   C. ()   D. 函数返回值

6. 在一个 C 程序中（　　）。

　　A. main 函数必须出现在所有函数之前

　　B. main 函数可以在任何地方出现

　　C. main 函数必须出现在所有函数之后

　　D. main 函数必须出现在固定位置

7. C 语言规定,函数返回值的类型是由（　　）。

　　A. return 语句中的表达式类型所决定

　　B. 调用该函数时的主调函数类型所决定

　　C. 调用该函数时系统临时决定

　　D. 在定义该函数时所指定的函数类型所决定

8. 以下叙述中错误的是（　　）。

　　A. 用户定义的函数中可以没有 return 语句

　　B. 用户定义的函数中可以有多个 return 语句,以便可以调用一次返回多个函数值

　　C. 用户定义的函数中若没有 return 语句,则应当定义函数为 void 类型

　　D. 函数的 return 语句中可以没有表达式

9. 以下程序的 main 函数中调用了在其前面定义的 fun 函数:

```c
#include <stdio.h>
void main()
{
    double a[15],k;
    k = fun(a);
}
```

　　则以下选项中错误的 fun 函数首部是（　　）。

　　A. double fun(double a[15])　　　　　B. double fun(double * a)

　　C. double fun(double a[])　　　　　　D. double fun(double a)

二、阅读程序题

1. 设有以下函数:

```c
f(int  a)
{
    int  b = 0;
    static int c = 3;
    b++;c++;
    return (a + b + c);
}
```

如果在下面的程序中调用该函数,则程序的输出结果是_____。

```c
void main()
{
    int a = 2,i;
    for(i = 0;i < 3;i++) printf("%d\n",f(a));
}
```

2. 以下程序的输出结果是_____。

```c
# include < stdio. h >
int x = 3;
void incre()
{
    static int x = 1;
    x *= x + 1;
    printf(" % d",x);
}
void main()
{
    int i;
    for(i = 1;i < x;i++) incre();
}
```

3. 以下程序的结果是_____。

```c
# include < stdio. h >
int a,b;
void fun()
{
    a = 100; b = 200;
}
void main()
{
    int  a = 5,b = 7;
    fun();
    printf(" % d  % d\n",a,b);
}
```

4. 以下程序中 f 函数的功能是将 n 个字符串按由大到小的顺序进行排序。

```c
# include < string. h >
# include < stdio. h >
void f(char p[ ][10], int n)
{
    char t[20];
    int i,j;
    for(i = 0;i < n - 1;i++)
        for (j = i + 1;j < n;j++)
            if(strcmp(p[i],p[j]) < 0)
                {
                    strcpy(t,p[i]);
                    strcpy(p[i],p[j]);
                    strcpy(p[j],t);
                }
}
void main()
{
    char   p[ ][10] = {"abc","aabdfg","abbd","dcdbe","cd"};
    f(p,5);
```

```
    printf("%d\n",strlen(p[0]));
}
```

三、程序改错题

下列程序的功能：计算数组元素中值为正数的平均值（不包括 0）。例如：数组中元素的值依次为 39，－47，21，2，－8，15，0，则程序的运行结果为 19.250000。

```
double fun(int s[])
{
    /*********** FOUND1 **********/
    int sum = 0.0;
    int c = 0, i = 0;
    /*********** FOUND2 **********/
    while(s[i] = 0)
    {
        if (s[i]> 0)
        {
            sum += s[i];
            c++;
        }
        i++;
    }
    /*********** FOUND3 **********/
    sum\ = c;
    /*********** FOUND4 **********/
    return c;
}
void main()
{
    int x[1000]; int i = 0;
    do
    {
        scanf("%d",&x[i]);
    } while(x[i++]!= 0);
    printf("%f\n",fun(x));
}
```

四、程序设计题

1. 请编写函数 fun，其功能是：计算并输出

$$S = 1+(1+\sqrt{2})+(1+\sqrt{2}+\sqrt{3})+\cdots+(1+\sqrt{2}+\cdots+\sqrt{n})$$

例如，在 main 函数中从键盘给 n 输入 20 后，输出为：s=534.188884。

注意：要求 n 的值大于等于 1 但不大于 100。

2. 请编写函数 fun，其功能是：计算并输出 3～n 之间所有素数的平方根之和。

例如，在 main 函数中从键盘给 n 输入 100 后，输出为：sum=148.874270。

注意：要求 n 的值大于 2 但不大于 100。

3. 用递归方法求 n 阶勒让德多项式的值，递归公式为：

$$Pn(x) = \begin{cases} 1, & n = 0 \\ x, & n = 1 \\ (2n-1)\times x\times P_{n-1}(x)-(n-1)\times P_{n-1}(x)/n, & n > 1 \end{cases}$$

练习参考答案

一、单项选择题

1. B   2. A   3. C   4. C 5. C   6. B   7. D   8. B   9. D

二、阅读程序题

1. 7

   8

   9

2. 2 6

3. 5 7

4. 5

三、程序改错题

FOUND1：double sum＝0.0；

FOUND2：while(s[i]!＝0)

FOUND3：sum/＝c；

FOUND4：return sum；

四、程序设计题

1. 请编写函数 fun，其功能是：计算并输出

$$S = 1 + (1+\sqrt{2}) + (1+\sqrt{2}+\sqrt{3}) + \cdots + (1+\sqrt{2}+\cdots+\sqrt{n})$$

分析：本题要求计算并输出多项式的值，由于函数的返回值需为双精度型，所以定义表示每一个多项式值的变量 fac、表示累加和的变量 sum 为双精度型，再使用 sqrt 函数求出每一个平方根的值，最后通过 sum＋＝fac;计算出所有多项式之和，然后返回。

参考程序如下：

```
# include < math. h >
# include < stdio. h >
double fun( int n)
{
    int i;                      /*定义一个整型变量*/
    double   fac = 1.0;         /*定义变量 fac、sum 为双精度型*/
    double   sum = 1.0;
    for(i = 2;i < = n;i++)
    {
        fac += sqrt(i);         /*求出每一个多项式的值*/
        sum += fac;             /*通过 sum += fac;计算出所有多项式之和*/
    }
    return sum;                 /*返回结果*/
}
void main( )
{
    int n;
    double s;
    printf("请输入 n 的值: ");
    scanf(" % d",&n);
    if(n < = 0||n > = 100)        /*若 n 值小于等于 0 或大于等于 100 时,不计算*/
```

```
        printf("输入 n 值不符合要求!\n");
    else
    {
        s = fun(n);
        printf("当 n = % d 时,多项式的值为: % lf\n",n,s);
    }
}
```

2. 请编写函数 fun,其功能是:计算并输出 3~n 之间所有素数的平方根之和。

分析:从 3 到指定数 n,找出所有的素数,素数的判断方法是:只能被 1 和其自身整除,而不能被其他任何数整除的数;sqrt(x)是计算 x 的平方根。

参考程序如下:

```
# include < math. h >
# include < stdio. h >
double fun(int  n)
{
    int i,j = 0;                    /* 定义两个整型变量 */
    double s = 0;                   /* 定义变量 s 为双精度型 */
    for (i = 3;i < = n;i++)
    {
        for (j = 2;j < i;j++)
            if (i % j == 0) break;  /* 若 i 能被 j 整除说明 i 不是素数,退出循环体 */
        if (j == i)   s = s + sqrt(i);
    }
    return s;                        /* 返回结果 */
}
void main()
{
    int n;
    double sum;
    printf("请输入 n 的值: ");
    scanf("% d",&n);
    sum = fun(n);
    printf("当 n = % d 时,sum = % lf\n",n,sum);
}
```

3. 用递归方法求 n 阶勒让德多项式的值,递归公式为

$$Pn(x) = \begin{cases} 1, & n = 0 \\ x, & n = 1 \\ (2n-1) \times x \times P_{n-1}(x) - (n-1) \times P_{n-1}(x)/n, & n > 1 \end{cases}$$

分析:此题考查递归函数的编写,在上述递归公式中 P 有一个参数和一个下标,在 C 语言中无法用下标来表示不同的变量,所以递归函数的形参为两个(n 和 x)。

参考程序如下:

```
# include < stdio. h >
float p(int n,float x)
{
    float f1;
```

```
            if(n == 0) f1 = 1;
            else if(n == 1)    f1 = x;
            else if(n > 1)    f1 = (2 * n - 1) * x * p(n - 1,x) - (n - 1) * p(n - 2,x)/n;
            return f1;
        }
        void main()
        {
            int n;
            float x,h1;
            printf("Please input n,x:");
            scanf(" % d, % f",&n,&x);
            h1 = p(n,x);
            printf("P( % d, % f) = % f\n",n,x,h1);
        }
```

第8章　指　针

8.1　本 章 要 点

指针是 C 语言的一个重要组成部分,C 语言之所以具有高效、实用、灵活的特点,在很大程度上与指针密不可分。正确灵活地运用指针,可以有效地表示复杂的数据结构,方便地使用内存地址,使编写的程序更加简洁,并提高程序的运行效率。

(1) 一个变量的地址称为该变量的指针,如果用一个变量专门存储其他变量的地址,那么这个变量就称为指针变量。为了方便,在不发生混淆的情况下,经常把指针变量简称为指针。

指针变量的一般定义形式为:

类型说明符 ∗指针变量名;

指针在使用之前必须初始化,使其有所指。

(2) 两个特殊的运算符: & 和 ∗ 。

① & 为取地址运算符, ∗ 为取内容运算符,其结合性均为自右向左。

② 运算符 ∗ 和 & 为互逆运算符。

(3) 指针的运算。

① ∗ 与++、--的优先级相同,结合方向自右向左。

② 指针加上或减去一个整数 n 分别表示指针后移或前移 n 个存储单元,因此指针的算术运算的实质是指针的移动。指针移动的最小单位是一个存储单元而不是一个字节。只有当指针指向一串连续的存储单元时,指针的移动才有意义。

③ p++使指针指向下一个元素;p--使指针指向上一个元素。

④ p1-p2(指向同一数组时),表示指针间相差的元素个数。

⑤ p1+p2 无意义。

⑥ ∗p++等价于 ∗(p++),表示先取 p 所指存储单元的值(∗ p),然后使 p 增 1,p 指向下一个存储单元。

⑦ ∗++p 等价于 ∗(++p),即先使指针 p 增 1 移动到下一个存储单元,然后再取其中的值。

⑧ ++(∗ p)先取 p 所指存储单元的值,然后使其值自增 1,p 的指向没有变化。

⑨ p<q 表示 p 的地址值小于 q 的地址值,即 p 在前 q 在后。

⑩ p==q 表示 p 和 q 指向同一个存储单元。

⑪ p>q 表示 p 的地址值大于 q 的地址值,即 p 在后 q 在前。

(4) 空指针：不指向任何数据。与指针未赋值不同，当指针未赋值时，其值是不确定的，而空指针的值是确定的数为 0。p＝0 或 p＝NULL 都表示 p 为空指针。

(5) 指针与数组：用指针表示数组十分方便，数组元素及其地址可以分别用下标法和指针法表示。

① 对于一维数组，如果有 int a[10]，* p＝&a；则

• 数组元素 a[i] 的地址表示方法为：

&a[i] $\Leftrightarrow$ a＋i $\Leftrightarrow$ p＋i

• 数组元素 a[i] 的表示方法为：

a[i] $\Leftrightarrow$ * (a＋i) $\Leftrightarrow$ * (p＋i) $\Leftrightarrow$ p[i]

② 对于二维数组 a[i][j]：

a 表示二维数组的首地址，即第 0 行的首地址。

a＋i 表示第 i 行的首地址。

* (a＋i) $\Leftrightarrow$ a[i] $\Leftrightarrow$ &a[i][0]，表示第 i 行第 0 列元素的地址。

a[i]＋j $\Leftrightarrow$ * (a＋i)＋j，表示第 i 行第 j 列元素的地址。

* (a[i]＋j) $\Leftrightarrow$ * (* (a＋i)＋j) $\Leftrightarrow$ a[i][j]，表示第 i 行第 j 列的元素。

(6) 指针和函数。

指针和函数的关系主要有三个方面：① 指针变量作为函数的参数；② 函数的返回值可以是指针；③ 指向函数的指针。

① 参数用数组名或指针都属于地址传递，形参的改变可以影响实参。实参用数组名或指针对程序的执行效率无影响，其效率是相同的；而形参用指针对程序的执行效率影响较大，可能在很大程度上提高程序的执行效率。

② 指针型函数：返回指针值的函数。

指针型函数的定义格式为：

```
类型说明符 * 函数名(形参表);
{
… / * 函数体 * /
}
```

③ 指向函数的指针也称为"函数指针"。C 语言中，函数名是不能作为参数在函数间进行传递的，可以用指向函数的指针作为参数，传递函数的入口地址。

指向函数的指针的定义格式为：

```
类型说明符 ( * 指针变量名)();
```

(7) 多级指针：指向指针的指针。

二级指针的定义形式为：

```
类型名 ** 指针变量名;
```

(8) 指针数组：如果一个数组的每个元素都是指针类型，这个数组就称为指针数组。

① 指针数组的一般定义形式为：

类型说明符 * 数组名[正整型常量表达式1]…[正整型常量表达式n];

② 指针数组常用来处理多个字符串。使用字符指针或字符指针数组能很方便地对字符串进行操作。

(9) 行指针：对于二维数组还可以使用指向由 n 个元素组成的一维数组的指针变量进行处理，即用行指针来处理。其定义形式为：

类型说明符 (* 指针变量名)[长度];

(10) 有关指针的数据类型，如表 8-1 所示。

表 8-1 指针的数据类型

定 义	含 义
int * p;	p 为指向整型数据的指针变量
int a[n];	定义整型数组 a，它有 n 个元素
int * p[n];	定义指针数组 p，它由 n 个指向整型数据的指针元素组成
int (* p)[n];	p 为指向含 n 个元素的一维数组的指针变量
int * p();	p 为带回一个指针的函数，该指针指向整型数据
int (* p)();	p 为指向函数的指针，该函数返回一个整型值
int ** p;	p 是一个指针变量，它指向一个指向整型数据的指针变量

(11) main 函数中也可以指定参数。main 函数中的形参可以用任意的用户标识符作为参数名，但人们习惯用 argc 和 argv 表示。

main 函数的有参形式：

```
void main( int argc, char * argv[])
 {
   …
 }
```

8.2 习 题 解 答

一、单项选择题

1. 若已定义 x 为 int 类型变量，下列语句中说明指针变量 p 的正确语句是（　C　）。

　　A. int p＝& x;　　　　B. int * p＝x;　　　　C. int * p＝& x;　　　　D. * p＝* x;

解析：本题考查指针的定义和赋值方式。

选项 A 是将变量 x 的地址赋给普通的整型变量 p。

选项 B 是将 x 的值赋给指针变量 p，而指针变量中存放的应该是地址，故两者不能相等。

选项 C 是将 x 的地址赋给指针变量 p，此方式为在定义指针变量的同时给它赋值，故为正确的赋值表达式。

选项 D 是不正确的语句，因为 x 本身是变量名，取 * 无意义。

2. 若有下列定义，则对 a 数组元素的正确引用是（　C　）。

```
int a[5], * p＝a;
```

A. ＊(p＋5)　　　　　B. ＊p＋2　　　　　C. ＊(a＋2)　　　　　D. ＊ & a[5]

解析：本题考查通过指针引用数组元素。从题目可知，数组名 a 代表数组的首地址，指针 p 指向数组 a 的首地址，所以 ＊(a＋i)表示的就是数组 a 中的第 i 个元素，故选项 C 正确。选项 A、D 都代表数组元素 a[5]超出了数组 a 的范围；选项 B 表示数组元素 a[0]的数值加 2，不符合题意。

3. 对于基本类型相同的两个指针变量之间，不能进行的运算是（ C ）。

A. ＜　　　　　B. ＝　　　　　C. ＋　　　　　D. －

4. 若有以下程序段，则 b 中的值是（ D ）。

```
int a[10] = {1,2,3,4,5,6,7,8,9,10}, * p = &a[3],b;
b = p[5];
```

A. 5　　　　　B. 6　　　　　C. 8　　　　　D. 9

解析：根据题意，指针 p 指向数组元素 a[3]的起始地址，b 的数值为 p[5]即指针 p 往后移 5 个单元至 a[8]，其值为 9，故选项 D 正确。

5. 以下程序的输出结果是（ A ）。

```
# include < stdio. h >
void main()
{
    char * p[10] = {"abc","aabdfg","dcdbe","abbd","cd"};
    printf(" % d\n",strlen(p[4]));
}
```

A. 2　　　　　B. 3　　　　　C. 4　　　　　D. 5

解析：本题考查指针数组的应用。根据题意 p 是一个指针数组，共有 10 个元素，每个元素都是字符型指针，它们分别指向"abc"、"aabdfg"等字符串的起始地址。p[4]指向字符串"cd"，它的长度为 2，故选项 A 正确。

6. 以下程序的输出结果是（ C ）。

```
# include < stdio. h >
void main()
{
    int a[] = {1,2,3,4,5,6,7,8,9,0,}, * p;
    p = a;
    printf(" % d\n", * p + 9);
}
```

A. 0　　　　　B. 1　　　　　C. 10　　　　　D. 9

解析：本题考查 ＊运算符的使用。根据题意 p 指向数组 a 的起始地址，＊p＋9 为数组 a[0]的数值加 9，故选项 C 正确。

7. 若有说明：int ＊p1,＊p2,m＝5,n;,以下均是正确赋值语句的选项是（ C ）。

A. p1＝&m; p2＝&p1;　　　　　　　　B. p1＝&m; p2＝&n; ＊p1＝＊p2;

C. p1＝&m; p2＝p1;　　　　　　　　D. p1＝&m; ＊p1＝＊p2;

解析：本题考查 ＊和 & 运算符的使用。根据题意：p1 和 p2 是指针，m 和 n 是整型变量；指针必须与地址(&)相配；如果一个指针已经有指向，可以将其赋值给另外一个同类型的指针；表达式中的运算符 * 代表指针所指的存储单元；通过上面的分析可知选项 C 正确。选项 B 中，* p1＝* p2 表示 m＝n，而 n 未赋初值；选项 D 中指针 p2 没有指向，故都是错误的。

8. 设 char * s＝"\ta\017bc";，则指针变量 s 指向的字符串所占的字节数是（　C　）。

    A. 9　　　　　　　B. 5　　　　　　　C. 6　　　　　　　D. 7

解析：本题考查指针所指的字符串中转义字符的含义。'\t'代表横向跳格，'\017'三位八进制数代表一个 ASCII 字符，所以指针 s 所指的字符串的长度是 5，所占字节数是 6(字符串以 '\0'结束)。

9. 若有定义：int * p[3];，则以下叙述中正确的是(B)。

    A. 定义了一个类型为 int 的指针变量 p，该变量具有三个指针

    B. 定义了一个指针数组 p，该数组含有三个元素，每个元素都是 int 型的指针

    C. 定义了一个名为 * p 的整型数组，该数组含有三个 int 类型元素

    D. 定义了一个指向一维数组的指针变量 p，所指一维数组应具有三个 int 类型元素

解析：p 是指针数组，根据指针数组的定义选项 B 正确；选项 D 是行指针的定义。

10. 以下程序的输出结果是（　D　）。

```
# include < stdio. h>
void fun(int *p)
{
    printf(" % d\n",p[5]);
}
void main()
{
    int a[10] = {1,2,3,4,5,6,7,8,9,10};
    fun(&a[3]);
}
```

    A. 5　　　　　　　B. 6　　　　　　　C. 8　　　　　　　D. 9

解析：本题考查的是函数参数的地址传递。main 函数中 fun 函数的实参为数组元素 a[3]的地址。当调用函数 fun 时，a[3]的地址传递给 fun 函数的形参(指针 p)，使 p 指向 a[3]的首地址，p[5]即 a[3]往后移 5 个单元为 a[8]，其值为 9，故选项 D 正确。

二、阅读程序题

1. 以下程序的输出结果是 <u>abcDDfefDbD</u>。

```
# include < stdio. h>
void ss(char * s,char t)
{
    while( * s)
    {
        if( * s == t) * s = t - 'a' + 'A';
        s++;
    }
}
void main()
{
```

```
char str1[100] = "abcddfefdbd",c = 'd';
ss(str1,c);
printf("%s\n",str1);
}
```

解析：题目中 ss 函数的功能是将指针 s 所指的字符串 str1 中指定的小写字母转换为大写字母。在 main 函数中因为 c 被赋值为字符 'd'，所以 ss 函数的功能是将字符串中所有字母 d 转换为大写。

2. 以下程序的输出结果是 $-5,-12,-7$。

```
# include < stdio. h>
sub(int x,int y,int * z)
{
    * z = y - x;
}
void main()
{
    int a,b,c;
    sub(10,5,&a);
    sub(7,a,&b);
    sub(a,b,&c);
    printf("%4d, %4d, %4d\n",a,b,c);
}
```

解析：本题考查的是函数参数的传递。题目中 sub 函数的功能是将 y-x 的值通过指针 z 传回 main 函数。main 函数中三次调用 sub 函数。第一次调用：sub(10,5,&a)；语句表明将 10、5、a 的地址分别传给 fun 函数的形参 x、y 和指针 z，指针 z 指向 a，即 a 中存放的是 5 和 10 的差值 5-10；同理 b 中存放的是 a-7；c 中存放的是 b-a。

3. 以下程序的输出结果是 1,3 。

```
# include < stdio. h>
void f(int * p,int * q);
void main()
{
    int m = 1,n = 2, * r = &m;
    f(r,&n);
    printf("%d, %d",m,n);
}
void f(int * p,int * q)
{
    p = p + 1;
    * q = * q + 1;
}
```

解析：在 main 函数调用 f 函数时，将指针 r 传递给指针 p；将变量 n 的地址传递给指针 q，即 p 指向 m,q 指向 n。执行 * q= * q+1;是使 q 所指的 n 的值增 1；p=p+1;是使指针 p 向后移动一个存储单元(此处无意义)，而不是 p 所指的 m 增 1。

4. 以下程序的输出结果是 8 。

```
# include < stdio. h>
void main()
{
    int k = 2,m = 4,n = 6;
    int * pk = &k, * pm = &m, * p;
    * (p = &n) = * pk * ( * pm);
    printf("% d\n",n);
}
```

解析：根据题意指针 pk 指向变量 k,指针 pm 指向变量 m,指针 p 指向变量 n。
* (p=&n)= * pk * (* pm);等价于 n=k * m=2 * 4=8,因此输出结果是 8。

5. 以下程序的输出结果是___100___。

```
# include < stdio. h>
void main ()
{
    int ** k, * a, b = 100;
    a = &b;k = &a;
    printf(" % d\n", ** k);
}
```

解析：k 是二级指针,它指向指针 a 所指的存储单元,即 * k 就是 a;指针 a 存储的是变量 b 的地址,即 * a 就是 b。因此 ** k 等价于 * (* k)等价于 * a 等价于 b,即输出 ** k 就是输出 b 的数值。

三、程序填空题

1. 以下程序的功能是把字符串中所有的字母改写成该字母的下一个字母,最后一个字母 z 改写成字母 a。大写字母仍为大写字母,小写字母仍为小写字母,其他的字符不变。例如:原有的字符串为"Mn. 123xyZ",调用该函数后,字符串中的内容为"No. 123yzA",请填空。

```
# include < stdio. h>
# include < string. h>
# define N 81
void main()
{
    char a[N], * s;
    printf( "Enter a string : " );
    gets(a);
    【1】 ;
    while( * s)
    {
        if( * s == 'z')
        * s = 'a';
        else if( * s == 'Z')
        * s = 'A';
        else if(isalpha( * s))
        【2】 ;
        【3】 ;
    }
```

```
        printf("The string after modified : ");
        puts(a);
}
```

答案：【1】s = a　　　【2】* s += 1 或（* s)++　　　【3】s++或 s = s + 1

解析：判断字符指针当前所指的字符是否为字母时,需要用到 isalpha 函数。

填空【1】使字符指针 s 指向字符串。

填空【2】将字符指针当时所指的字母改写成该字母的下一个字母。

填空【3】使指针 s 自增 1,以便进行下一次循环。

2. 以下程序可分别求出矩阵 a 中两个对角线元素的和,请填空。

```
# include < stdio. h >
# define N 3
void main()
{
    int a[N][N],i,j,k,s1 = 0,s2 = 0;/ * s1 代表主对角线的和,s2 代表副对角线的和 * /
    for(i = 0;i < N;i++)
        for(j = 0;j < N;j++)
            scanf(" % d", * (a + i) + j);
    for(i = 0;i < N;i++)
        {
            for(j = 0;j < N;j++)
            printf(" % 5d ", * ( * (a + i) + j));
            printf("\n");
        }
    k = N;
    for(i = 0;i < N;i++)
        {
            s1 += 【1】;
            k = k - 1;
            s2 += 【2】;
        }
    printf("s1 = % d,s2 = % d\n",s1,s2);
}
```

答案：【1】* (* (a+i)+i)　【2】* (* (a+i)+k)

解析：此题考查用指针表示矩阵元素的方法。主对角线元素的两个下标相同,副对角线元素下标的特点是行下标的值从 0 依次增 1,列下标的值从 N—1 依次减 1。

四、程序改错题

1. 下面给定函数 fun 的功能是将数组 x 的元素倒序输出。例如输入 1 2 3 4 5,则输出 5 4 3 2 1。请改正 fun 函数中的错误,使它能计算出正确的结果。

注意：不要改动 main 函数,不得增行或删行,也不得更改程序的结构。

```
# include < stdio. h >
# define M 20
void fun(int * x,int n)
{
    int * p,m = n/2, * i, * j,t;
```

```
        i = x;
/ ********** FOUND1 ********** /
        j = x + n;
        p = x + m;
/ ********** FOUND2 ********** /
    for( ; i < = p; i++ , j-- )
    {
            t = * i;
            * i = * j;
            * j = t;
    }
}
void main( )
{
        int i, a[M], n;
        scanf(" % d", &n);
        for( i = 0; i < n; i++ )
        scanf(" % d", a + i);
        fun(a, i);
        for( i = 0; i < n; i++ )
        printf(" % d", * (a + i));
}
```

答案：

代码 j = x + n;改为 j = x + n - 1;

代码 for(; i < = p; i++ , j--);改为 for(; i < p; i++ , j--);。

解析： 在 main 函数中调用 fun 函数时,将数组 a 的起始地址传递给指针 x,数值 i 传递给 fun 函数中的 n 值(第一个 for 循环执行后 i 等于 n),代表数组 a 中输入的数值个数。通过分析可知:在 fun 函数中,指针 i 指向数组 a 的起始地址,指针 j 指向数组最后输入的一个元素(其下标为 n-1),因此此题第一处错误 j = x + n;应该为 j = x + n - 1;指针 p = x + m(m = n/2)表示数组所输入数据的中间一个元素,将数组元素逆序输出的方法是以输入数据的中间元素为界,将其两侧的元素一一对应地交换,此题通过指针 i 和 j 的移动交换两侧的数值,因此第二个错误是将 for(; i < = p; i++ , j--);改为 for(; i < p; i++ , j--);。

2. 下面给定函数 fun 的功能是求两个形参的积和商,并通过形参返回调用程序。

例如,输入：61.28 和 13.56

输出：c= 830.956800 d=4.519174

```
# include < stdio. h >
/ ********** FOUND1 ********** /
void fun(double a, b, double x, y)
{
/ ********** FOUND2 ********** /
    x = a * b;
    y = a/b;
}
void main( )
{
```

```
        double a,b,c,d;
        scanf("%lf%lf",&a,&b);
        fun(a,b,&c,&d);
        printf("c=%f d=%f\n",c,d);
}
```

答案：

代码：void fun(double a,b,double x,y)改为 void fun(double a,double b,double * x,double * y)
代码：x=a*b;y=a/b;改为：*x=a*b;*y=a/b;

解析： main 函数中变量 c 中存放的是 a 和 b 的积，变量 d 中存放的是 a 和 b 的商；fun 函数因为返回值为 void，且 main 函数中有函数调用语句 fun(a,b,&c,&d);，因此 fun 函数的功能是通过指针而不是 return 语句返回两个形参的积和商。此题第一处错误为函数定义错误，函数首部中各个形参均应该指明数据类型，因此应将 void fun(double a,b,double x,y)改为 void fun(double a,double b,double * x,double * y)。因为函数调用后通过指针返回积和商，因此第二处错误为应将 x=a*b;y=a/b;改为 *x=a*b;*y=a/b;。

五、程序设计题

1. 向数组输入 N 个整数，将数据由大到小排序、输出。

分析：可以用指针的方式，用冒泡法或简单选择法将数组元素排序。

参考程序 1：

```
#include<stdio.h>
#define N 4
void main()
{
        int i,a[N], * p=a,t;
        for(p=a;p<a+N;p++)
            scanf("%d",p);
        for(i=0;i<N-1;i++)
            for(p=a;p<a+N-1-i;p++)
                if( * p< * (p+1))
                {
                    t= * p;
                    * p= * (p+1);
                    * (p+1)=t;
                }
        for(p=a;p<a+N;p++)
            printf("%4d", * p);
        printf("\n");
}
```

参考程序 2：

```
#include<stdio.h>
#define N 4
main()
{
        int a[N],t;
```

```
    int * p, * q, * k;
    for(p = a;p < a + N;p++)
    scanf(" % d",p);
    for(p = a;p < a + N - 1;p++)
    {
        k = p;
        for(q = p + 1;q < a + N;q++)
            if( * k < * q)k = q;
        if(k!= p)
        {
            t = * p;
            * p = * k;
            * k = t;
        }
    }
    for(p = a;p < a + N;p++)
    printf(" % 4d", * p);
    printf("\n");
}
```

运行结果：

```
5   25   36   9↙
   36  25   9   5
```

2. 通过指针求一维数组元素的最大值及其位置。

分析：设数组 a 有 5 个元素，数组元素 a[0]为最大值，指针 maxip 表示最大值的地址，则 * maxip 表示最大的数组元素。通过 for 循环让最大值 * maxip 逐个与 a[1]～a[4] 比较，使 * maxip 总是等于已比较过的数组元素中的最大值，直到与全部元素比较结束，* maxip 的值就是 5 个数中的最大值。maxip−a 表示最大值与 a[0]之间相差的数组元素的个数，即最大值的下标。

参考程序如下：

```
# include < stdio. h >
void main()
{
    int a[5], * p;
    int * maxip;                        /* maxip 为最大值的地址 */
    printf("请输入 5 个数组元素: \n");
    for(p = a; p < a + 5; p++)          /* 通过指针移动引用数组元素的地址 */
        scanf(" % d", p);
    maxip = a;                          /*指针 maxip 指向数组 a 的首地址 */
    for(p = a + 1;p < a + 5;p++)
    {
        if( * p > * maxip)
            maxip = p;                  /* maxip 保存最大元素的地址 */
    }
    printf("最大值为: % d\n", * maxip);
    printf("最大值的位置为: % d\n",maxip − a);
}
```

运行结果:

```
请输入 5 个数组元素:
5  25  36  76  9↙
最大值为: 76
最大值的位置为: 3
```

3. 输入一个字符串,统计其中字母(不区分大小写)、数字和其他字符的个数。

分析:分别用 alpha、digit、other 表示字母、数字和其他字符的个数,用 for 循环和多分支的 if-else if 语句实现题目要求。

参考程序如下:

```c
# include < stdio. h>
void main()
{
    int alpha,digit,other;
    char * p,s[80];
    alpha = digit = other = 0;
    printf("input string:\n");
    gets(s);
    for(p = s; * p!= '\0';p++)
    if(( * p > = 'A'&& * p < = 'Z')||( * p > = 'a'&& * p < = 'z'))alpha++;
    else if( * p > = '0' && * p < = '9')digit++;
    else other++;
    printf("alpha:% d   digit:% d   other:% d\n",alpha,digit,other);
}
```

运行结果:

```
input string:
WE are 789 &^% am↙
Alpha:7   digit:3   other:8
```

4. "回文"是顺读和反读相同的字符串,例如"4224"、"abba"等。试编写程序,判断字符串是否是回文。

分析:要判断一个字符串是否为回文,只需验证前后对应字符是否相等。

(1) 输入要判断的字符串 s。

(2) 取两个整型变量 i,j,初始值分别为 0(指向第一个字符)和 strlen(s)−1(指向最后一个字符)。

(3) 比较 s[i] 和 s[j],如果 s[i] == s[j],则 i++,j−−;否则,该字符串不是回文。

(4) 重复(3),如果所有对应字符都比较完毕(i=j 或 i>j)且对应字符相等,则该字符串是回文。

参考程序如下:

```c
# include < stdio. h>
# include < string. h>
int fun(char * p,int k);
void main()
{
```

```
    int i = 0,j,flag;    /* 设置 flag 为标志,如果 flag 为 1,表示字符串是回文 */
    char s[80];
    printf("请输入要判断的字符串: \n");
    gets(s);
    j = strlen(s) - 1;
    flag = fun(s,j);
    if(flag == 1)
        printf("%s 是回文.\n",s);
    else
        printf("%s 不是回文.\n",s);
}
int fun(char * p,int k)
{
    int i = 0,flag = 1;
    while(i < k)
    {
     if(p[i] != p[k])
        {
            flag = 0;
            break;
        }
        i++;
        k--;
    }
    return flag;
}
```

运行结果(1):

```
请输入要判断的字符串:
efggfe↙
efggfe 是回文.
```

运行结果(2):

```
请输入要判断的字符串:
1234abc43↙
1234abc43 不是回文.
```

5. 编写一个函数 void fun(int * a,int n,int * odd,int * even),函数的功能是分别求出数组 a 中所有奇数之和和偶数之和。形参 n 给出数组中数据的个数,利用 odd 返回奇数之和,even 返回偶数之和。

分析:用 for 循环语句依次判断整型数组中的每一个数组元素是偶数还是奇数,判断偶数和奇数只需将数组元素依次与 2 取余,结果为 0 的数是偶数,为 1 的是奇数。如果是偶数,则把该数加到 * odd 中;如果是奇数,则加到 * even 中。

参考程序如下:

```
# include < stdio. h>
void fun(int * a,int n,int * odd,int * even)
{
```

```
    int i;
     * odd = 0; * even = 0;
    for(i = 0;i < n;i++)
        if (a[i] % 2 == 0)                    /* 判断 a[i]是否为偶数 */
            * odd += a[i];                    /* 对 a 数组中的所有奇数求和 */
        else
            * even += a[i];                   /* 对 a 数组中的所有偶数求和 */
}
void main()
{
    int a[7] = {1,9,3,4,5,6,2},odd,even;
    fun(a,7,&odd,&even);
    printf("the sum of odd numbers: % d\n",odd);
    printf("the sum of even numbers: % d\n",even);
```

运行结果：

```
the sum of odd numbers:12
the sum of even numbers:18
```

6. 编写一个函数 int fun(char * s,char c)，它的功能是求出字符串 s 中指定字符 c 的个数，并返回此值。例如若输入字符串"ddffdd5d89"，输入字符为'd'，则输出 5。

分析：

(1) 定义变量 num 统计字符的个数，即将 num 设为计数器，初始值为 0。

(2) 从字符串中的第一个字符开始，逐一与指定字符 c 比较，如果为 c，则计数器 num 加 1。

(3) 返回计数器的值，此值即为指定字符在字符串 s 中的个数。

参考程序如下：

```
# include < stdio. h >
int fun(char * s,char c)
{
    int num = 0;
    int * p = s;
    for(; * s!= '\0';s++)
        if( * s == c) num++;
    return num;
}
void main()
{
    char s[100],ch,k;
    printf("请输入一个字符串:");
    gets(s);
    printf("请输入一个字符:");
    ch = getchar();
    k = fun(s,ch);
    printf("指定字符的个数为 % d\n",k);
}
```

运行结果：

请输入一个字符串：abcgghkgglggg✓
请输入一个字符：g
指定字符的个数为：7

7. 编写函数 char fun(char * str,int n)，将 main 函数中输入的字符串反序存放。

分析：用字符数组 s 存放字符串。将字符串逆序存放的方法是：将第一个元素与最后一个元素互换，第二个元素与倒数第二个互换……，因为一次互换两个元素，所以 for 循环语句执行 len/2（len 是字符串的长度）次就可以把全部元素互换一遍。

参考程序如下：

```
# include < stdio. h>
# define N 80
# include < string. h>
void fun(char * str, int n)
{
    int i,j;
    char c;
    for(i = 0,j = n - 1;i < n/2;i++,j-- )
    {
        c = * (str + i);
        * (str + i) = * (str + j);
        * (str + j) = c;
    }
}
void main( )
{
    char s [N];
    int len;
    printf("请输入一个字符串:");
    gets(s);
    len = strlen(s);                        /* 通过 strlen 函数求字符数组 s 的长度 */
    fun(s,len);
    printf("逆序后的字符串为:");
    puts(s);
}
```

还可以将 fun 函数中的 for 循环改写为：

```
for(i = 0;i < n/2;i++)
{
    c = * (str + i);
    * (str + i) = * (str + n - 1 - i);
    * (str + n - 1 - i) = c;
}
```

运行结果：

```
请输入一个字符串:123abc✓
逆序后的字符串为:cba321
```

8. 用指针数组实现，将输入的 5 个字符串按从大到小的顺序输出。

分析：

（1）首先用二维字符数组 s 存放 5 个字符串，设字符串的长度小于 80。

（2）将指针数组的每个元素依次指向各个字符串的首地址，即 p[i]＝s[i]。

（3）利用选择法和字符串比较函数进行排序，注意交换的是字符串的内容，需要用 strcpy 函数实现。

参考程序如下：

```
#include <stdio.h>
#include <string.h>
void main()
{
    char s[5][80],t[80], * p[5], * k;
    int i,j;
    printf("请输入 5 个字符串:\n");
    for(i = 0;i < 5;i++)
    {   gets(s[i]);
        p[i] = s[i];
    }
    for(i = 0;i < 4;i++)                    /* 用选择法排序 */
    {
        k = p[i];                          /* 也可以写成 k = s[i]; */
        for(j = i + 1;j < 5;j++)
            if(strcmp(k,p[j])> 0)
                k = p[j];
        if(k!= p[i])
        {
            strcpy(t,k);
            strcpy(k,p[i]);
            strcpy(p[i],t);
        }
    }
    printf("排序后的字符串为: \n");
    for(i = 0;i < 5;i++)
        puts(s[i]);
}
```

运行结果：

请输入 5 个字符串:
hello ↙
we ↙
are ↙
the ↙
world ↙

排序后的字符串为：

are
hello
the

we

world

9. 编写函数实现 N×N 的矩阵转置。

分析：如果将矩阵转置,使用行指针比较方便,仿照例题 8-17 和例题 8-18 编写程序将 N×N 的矩阵转置。

参考程序如下:

```c
# include < stdio. h >
# define  N  3
void move( int ( * q)[N]);
void main( )
{
    int a[N][N],( * p)[N],j;
    printf("输入%d×%d个整数:\n",N,N);
    for(p = a;p < a + N;p++)                    /* 外循环控制行 */
        for(j = 0;j < N;j++)                    /* 内循环控制列 */
            scanf("%d", * p + j);
    p = a;
    printf("转置前的%d×%d矩阵为:\n",N,N);
    for(p = a;p < a + N;p++)
    {
        for(j = 0;j < N;j++)
            printf("%5d  ", * ( * p + j));
        printf("\n");
    }
    p = a;
    move(p);                                 /* 调用转置函数 */
    printf("转置后的%d×%d矩阵为:\n",N,N);
    for(p = a;p < a + N;p++)
    {
        for(j = 0;j < N;j++)
            printf("%5d  ", * ( * p + j));
        printf("\n");
    }
}
 void move( int ( * q)[N])
{
    int t,i,j;
    for(i = 0;i < N;i++)
        for(j = i;j < N;j++)                   /* 交换矩阵行和列的元素,将矩阵转置 */
        {
            t = * ( * (q + i) + j);
            * ( * (q + i) + j) = * ( * (q + j) + i);
            * ( * (q + j) + i) = t;
        }

}
```

运行结果:

```
输入 3×3 个整数:
1 2 3 4 5 6 7 8 9↙
转置前的 3×3 矩阵为:
       1       2       3
       4       5       6
       7       8       9
转置后的 3×3 矩阵为:
       1       4       7
       2       5       8
       3       6       9
```

10. 用指针数组实现：输入一个整型数，输出与该整型数对应的月份的英语名称。例如输入 5，输出 May。

分析：使用指针数组，使指针数组的下标和指针所指的字符串对应起来。指针数组中用 name[0]指向第一个字符串 January，所以 name[n−1]指向的字符串就是第 n 个月的英语名称。超出范围的月份统一给出警告信息。注意输出时，用字符串的整体引用。

参考程序如下：

```c
# include < stdio.h >
void main()
{
    char * name[] = {"January","February","March","April","May","June","July",
    "August","September","October","November","December"};
    int n;
    printf("Input month:\n");
    scanf("%d",&n);
    if(n>=1 && n<=12)
    printf("%2d month: %s\n",n,name[n-1]);
    else
    printf("Input error!\n");
}
```

运行结果(1)：

```
Input month:
7↙
7 month: July
```

运行结果(2)：

```
Input month:
15↙
Input error!
```

8.3　练习与答案

一、单项选择题

1. 下面选择中正确的赋值语句是(设 char a[5], * p＝a;) (　　　)。

A. p="abcd";　　　B. a="abcd";　　　C. *p="abcd";　　　D. *a="abcd";

2. 若有下列定义,则对 a 数组元素地址的正确引用是(　　　)。

int a[5],*p=a;

A. &a[5]　　　　B. p+2　　　　C. a++　　　　D. &a

3. 若有 int i=3,*p;p=&i;,下列语句中输出结果为 3 的是(　　　)。
   A. printf("%d",&p);　　　　　　　B. printf("%d",*i);
   C. printf("%d",*p);　　　　　　　D. printf("%d",p);

4. 若有 int a[10]={0,1,2,3,4,5,6,7,8,9},*p=a;,则输出结果不为 5 的语句为(　　　)。
   A. printf("%d",*(a+5));　　　　　B. printf("%d",p[5]);
   C. printf("%d",*(p+5));　　　　　D. printf("%d",*p[5]);

5. 若有 double *p,x[10];int i=5;,使指针变量 p 指向元素 x[5]的语句为(　　　)。
   A. p=&x[i];　　　B. p=x;　　　C. p=x[i];　　　D. p=&(x+i)

6. 若有以下的定义:int t[3][2];,能正确表示 t 数组元素地址的表达式是(　　　)。
   A. &t[3][2]　　　B. t[3]　　　C. &t[1]　　　D. t[2]

7. 若有语句 int *point,a=4;和 point=&a;,下面均代表地址的一组选项是(　　　)。
   A. a,point,*&a　　　　　　　　　B. &*a,&a,*point
   C. *&point,*point,&a　　　　　　D. &a,&*point,point

8. 下面判断正确的是(　　　)。
   A. char *a="china";等价于 char *a;*a="china";
   B. char str[10]={"china"};等价于 char str[10];str[]={"china"};
   C. char *s="china";等价于 char *s;s="china";
   D. char c[4]="abc",d[4]="abc";等价于 char c[4]=d[4]="abc";

9. 若定义:int a=511,*b=&a;,则 printf("%d\n",*b);的输出结果为(　　　)。
   A. 无确定值　　　B. a 的地址　　　C. 512　　　D. 511

10. 若有说明:int n=2,*p=&n,*q=p;,则以下非法的赋值语句是(　　　)。
    A. p=q;　　　B. *p=*q;　　　C. n=*q;　　　D. p=n;

11. 若有说明:int i,j=2,*p=&i;,则能完成 i=j 赋值功能的语句是(　　　)。
    A. i=*p;　　　B. *p=*&j;　　　C. i=&j;　　　D. i=**p;

12. 设有以下语句,其中不是对 a 数组元素的正确引用的是(　　　)(其中 0≤i<10)。

int a[10]={0,1,2,3,4,5,6,7,8,9},*p=a;

A. a[p-a]　　　B. *(&a[i])　　　C. p[i]　　　D. *(*(a+i))

13. 有以下定义:

char a[10],*b=a;

不能给数组 a 输入字符串的语句是(　　　)。
A. gets(a)　　　B. gets(a[0])　　　C. gets(&a[0])　　　D. gets(b)

14. 以下程序的输出结果是(　　　)。

#include<stdio.h>

```
void main()
{
    char str[][20] = {"Hello","Beijing"}, * p = str;
    printf(" % d\n",strlen(p + 20));
}
```

A. 0   B. 5   C. 7   D. 20

15. 若有以下定义和语句,则以下选项中错误的语句是(　　)。

```
int a = 4,b = 3, * p, * q, * w;
p = &a; q = &b; w = q; q = NULL;
```

A. * q=0   B. w=p   C. * p=a   D. * w=b

16. 以下程序的输出结果是(　　)。

```
# include < stdio. h>
void main()
{
    int x[8] = {8,7,6,5,0,0}, * s;
    s = x + 3;
    printf(" % d\n",s[2]);
}
```

A. 随机值   B. 0   C. 5   D. 6

17. 设有如下程序段:

```
char s[20] = "Beijing", * p;
p = s;
```

则执行 p=s;语句后,以下叙述正确的是(　　)。

A. 可以用 * p 表示 s[0]

B. s 数组中元素的个数和 p 所指字符串长度相等

C. s 和 p 都是指针变量

D. 数组 s 中的内容和指针变量 p 中的内容相同

18. 下面程序段的运行结果是(　　)。

```
char * s = "abcde";
s += 2; printf(" % d",s);
```

A. cde   B. 字符'c'

C. 字符'c'的地址   D. 无确定的输出结果

19. 设 p1 和 p2 是指向同一个字符串的指针变量,c 为字符变量,则以下不能正确执行的赋值语句是(　　)。

A. c= * p1+ * p2;   B. p2=c;

C. p1=p2;   D. c= * p1 * (* p2);

20. 下面程序段的运行结果是(　　)。

```
char str[] = "ABC", * p = str;
printf(" % d\n", * (p+3));
```

A. 67　　　　　　　B. 0　　　　　　　　C. 字符'C'的地址　　　D. 字符'C'

21. 下面程序段的运行结果是(　　　)。

```
char string[] = "I love China!";
printf("%s\n",string + 7);
```

A. I love China!　B. I love China　　C. China!　　　　　　D. 输出错误

22. 下面程序段的运行结果是(　　　)。

```
char a[] = "language", * p;
p = a;
while( * p!= 'u')
{
    printf("%c", * p - 32);p++;
}
```

A. LANGUAGE　　B. language　　　　C. LANG　　　　　　D. langUAGE

23. 若有定义语句：double a, * p＝&a;,以下叙述中错误的是(　　　)。
    A. 定义语句中的 * 号是一个地址运算符
    B. 定义语句中的 * 号只是一个说明符
    C. 定义语句中的 p 只能存放 double 类型变量的地址
    D. 定义语句中, * p＝&a 把变量 a 的地址作为初值赋给指针变量 p

24. 若有定义：char s[]＝{"12345"}, * p＝s;,则下面表达式中不正确的是(　　　)。
    A. * (p＋2)　　　B. * (s＋2)　　　C. p＝"abc"　　　D. s＝"abc"

25. 以下程序的输出结果是(　　　)。

```
# include < stdio. h>
void sub(float x,float * y,float * z)
{
    * y = * y - 1.0;
    * z = * z + x;
}
void main()
{
    float a = 2.5,b = 9.0, * pa, * pb;
    pa = &a;   pb = &b;
    sub(b - a,pa,pa);
    printf("%f\n",a);
}
```

A. 9.000000　　　B. 1.500000　　　C. 8.000000　　　D. 10.500000

26. 若有定义语句：char * s1＝"OK", * s2＝"ok";,以下选项中,能够输出"OK"的语句是(　　　)。
    A. if(strcmp(s1,s2)＝0)puts(s1);　　　B. if(strcmp(s1,s2)!＝0) puts(s2);
    C. if(strcmp(s1,s2)＝1)puts(s1);　　　D. if(strcmp(s1,s2)!＝0) puts(s1);

二、阅读程序题

1. 以下程序的输出结果是_____。

```
# include < stdio. h >
# define   N   5
fun(char  * s,char a, int n)
{
    int j;
    * s = a;
    j = n;
    while(a < s[j]) j-- ;
    return  j;
}
void main( )
{
    char  s[N + 1];
    int  k;
    for(k = 1;k < = N;k++)
        s[k] = 'A' + k + 1;
    printf(" % d\n",fun(s, 'E',N));
}
```

2. 以下程序的输出结果是_____。

```
# include < stdio. h >
# include < string. h >
void fun ( char * w,  int  m )
{
    char s, * p1, * p2;
    p1 = w;
    p2 = w + m - 1;
    while(p1 < p2)
    {
        s = * p1++;
        * p1 = * p2 -- ;
        * p2 = s;
    }
}
void main( )
{
    char a[ ] = "ABCDEFG";
    fun(a, strlen(a));
    puts(a);
}
```

3. 当运行以下程序时输入 OPEN THE DOOR < CR >(此处< CR >代表 Enter 键),则输出的结果是_____。

```
# include < stdio. h >
char fun ( char  * c )
{
    if ( * c < = 'Z'&& * c > = 'A')
    * c -= 'A' - 'a';
    return * c;
```

```
    }
void main( )
{
    char   s[81], * p = s;
    gets(s);
    while( * p)
    {
        * p = fun(p);
        putchar( * p);
        p++;
    }
    putchar('\n');
}
```

4. 以下程序的输出结果是_____。

```
# include < stdio. h >
void main( )
{
    char * alpha[6] = {"ABCD","EFGH","IJKL","MNOP","QRST","UVWX"};
    char ** p;
    int    i;
    p = alpha;
    for(i = 0; i < 4;i++)
        printf(" % s",p[i]);
    printf("\n");
}
```

三、程序填空题

1. 以下程序的功能是：将一个字符串中的前 N 个字符复制到一个字符数组中去,不允许使用 strcpy 函数。

```
# include < stdio. h >
void main( )
{
    char str1[80],str2[80];
    int i,n;
    gets(  【1】  );
    scanf(" % d",&n);
    for (i = 0; 【2】 ;i++)
    【3】 ;
    【4】 ;
    printf(" % s\n",str2);
}
```

2. 以下程序的功能是：删除一个字符串中的所有数字字符。

```
# include < stdio. h >
void delnum(char * s)
{
    int i,j;
    for(i = 0,j = 0; 【1】 ;i++)
```

```
        if(s[i]<'0' 【2】 s[i]>'9')
        {
            * (s + j) = * (s + i);
            【3】 ;
        }
        s[j] = '\0';
    }
main()
{
    char st[100];
    char * p = st;
    printf("input a string st:\n");
    gets(p);
    【4】 ;
    printf(" % s\n",p);
} * (s + i)!= '\0'
```

练习参考答案

一、单项选择题

1．A　2．B　3．C　4．D　5．A　6．D　7．D　8．C　9．D　10．D　11．B　12．D
13．B　14．C　15．A　16．B　17．A　18．C　19．B　20．B　21．C　22．C　23．A
24．D　25．C　26．D

二、阅读程序题

1．3　2．AGAAGAG　3．open the door　4．ABCDEFGHIJKLMNOP

三、程序填空题

1．【1】str1　【2】i＜n 或 i＜＝n－1

【3】 * (str2＋i)＝ * (str1＋i)或 * (str2＋i)＝str1[i]或 str2[i]＝ * (str1＋i)

【4】str2[n]＝'\0'或 str2[i]＝'\0'

2．【1】 * (s＋i)!＝'\0'　【2】||

【3】 * (s＋j)＝ * (s＋i)或 s[j]＝ * (s＋i)或 * (s＋j)＝s[i]

【4】delnum(p)

第9章 结构体、共用体和枚举

9.1 本 章 要 点

为了解决实际问题,C 语言提供了三种数据类型,即基本类型、指针类型和构造类型。本章主要介绍了结构体、共用体、枚举和将已有类型定义成新类型的 typedef 语句。

(1)结构体是由若干个数据成员组成的构造数据类型,可以用来描述记录型的数据,也可以处理链表等复杂的数据结构。其组成方式由用户自己定义,其数据成员的类型既可以是基本数据类型(如 int、long、float 等),也可以是构造数据类型(如数组、struct、union、enum 等)。其一般形式为:

```
struct 结构体名
{
    数据类型 成员名;
    数据类型 成员名;
    ...
} 结构体变量名;
```

结构体成员的访问有以下两种方式。

① 直接访问:结构体变量名.成员。如:stu1.age。

② 用指针访问:先定义指向结构体的指针:struct student * p;,然后通过:(* p). 成员或 p ->成员来访问。

如果有若干相同结构体类型的数据要进行处理,可以定义结构体类型的数组来描述数据,这样的数组称为结构体数组。对结构体数组的操作需转化成对数组的下标变量进行。如:结构体数组名[下标变量]. 成员。如:stu1[1]. age。

(2)共用体是由不同数据类型但共享内存的数据成员组成的构造数据类型,可以节省存储空间,也可以在不同类型的变量之间传递数据。共用体定义和结构体定义十分相似。其一般形式为:

```
union 共用体名
{
    数据类型 成员名;
    数据类型 成员名;
    ...
} 共用体变量名;
```

共用体表示几个变量共用一个存储空间,一个共用体变量的值就是共用体的某一个成员值。

（3）结构体和共用体的区别。

① 结构体和共用体都是由多个不同的数据成员组成，但在任何时刻，共用体只存放一个成员的值，而结构体的所有成员都存在。

② 对于共用体的不同成员赋值，将会对其他成员重写，原来成员的值就不存在了，而对于结构体的不同成员赋值是互不影响的。

（4）结构体和共用体成员名可以同程序中的其他变量同名，系统会自动识别，不会混淆。

（5）枚举类型是用户自定义的由有限个常量构成的类型，每个常量以符号常量方式表示。

（6）使用 typedef 可以将已有类型定义成新类型，使用 typedef 有利于程序的移植。

（7）构造数据类型的定义可以放在函数外部，也可以放在函数内部。若放在函数外部，则从定义点到程序末尾都有效；若放在函数内部，则只在本函数内有效。通常构造数据类型的定义放在函数外部。

9.2 习 题 解 答

一、单项选择题

1. 设有以下说明语句：

```
struct ex
{  int x; float y;char  z; } example;
```

则下面的叙述中不正确的是（ B ）。

  A. struct 是结构体类型的关键字 B. example 是结构体类型名

  C. x,y,z 都是结构体成员名 D. struct ex 是结构体类型

解析：example 是结构体变量名，结构体类型名为 ex。

2. 下面结构体的定义语句中，错误的是（ B ）。

  A. struct ord {int x; int y; int z;}; struct ord a;

  B. struct ord {int x; int y; int z;} struct ord a;

  C. struct ord {int x; int y; int z;}a;

  D. struct {int x; int y; int z;} a;

解析：本题的考查点是结构体变量的定义。定义结构体类型的变量，可采用以下三种方法。

（1）先定义结构体类型再定义变量名；选项 A 符合这一定义方法。

（2）在定义类型的同时定义变量；选项 C 符合这一定义方法。

（3）直接定义结构类型变量，即不出现结构体名；选项 D 符合这一定义方法。

只有选项 B 不符合上述三种定义方法的任意一种，故答案为 B。

3. 有以下程序：

```
void main()
{
    struct STU { char name[9]; char sex; double score[2]; };
    struct STU a = {"Zhao",'m',85.0,90.0}, b = {"Qian",'f',95.0,92.0};
```

```
        b = a;
        printf("%s,%c,%2.0f,%2.0f\n",b.name,b.sex,b.score[0],b.score[1]);
}
```

程序的运行结果是(D)。

A. Qian,f,95,92   B. Qian,m,85,90

C. Zhao,f,95,92   D. Zhao,m,85,90

解析：本题的考查点是结构体变量的赋值。相同结构体类型的变量之间整体赋值,在本题中,结构体变量 a 整体赋值给 b,b 的内容为{"Zhao",'m',85.0,90.0},故答案为 D。

4. 在 Visual C++环境下,使用 C 语言,若有如下定义：

```
struct data
{
char ch;
double f;
}b;
```

则结构体变量 b 占用内存的字节数是(D)。

A. 1   B. 4   C. 8   D. 9

解析：一个结构体变量所占的存储空间大小是该结构体各成员所占的存储空间之和,可以用 sizeof 计算其所需存储空间,如 sizeof(struct data) 或 sizeof(b)。本题中 sizeof(struct data)＝1＋8＝9。

5. 根据下面的定义,能打印出字母 M 的语句是(D)。

```
struct person
{
    char name[9];
    int age;
};
struct person chass[10] = {"John",17,"Paul",19,"Mary",18,"adam",16};
```

A. printf("%c\n",class[3].name);   B. printf("%c\n",class[3].name[1]);

C. printf("%c\n",class[2].name[1]);   D. printf("%c\n",class[2].name[0]);

解析：结构体数组的初始化表中数据与数组元素的各成员一一对应,上述初始化仅对数组的前 4 个元素赋值,选项 A 中 class[3].name 的值为字符串 adam,选项 B 中 class[3].name[1]的值为字符 d,选项 C 中 class[2].name[1]的值为字符 a,只有选项 D 中 class[2].name[0]为 M。

6. 有以下程序：

```
void main()
{
  struct complex
  {
      int x;
      int y;
  }cnum[2] = {1,3,2,7};
  printf("%d\n",cnum[0].y/cnum[0].x*cnum[1].x);
}
```

结构体、共用体和枚举

程序的运行结果是（ D ）。

A. 0   B. 1   C. 3   D. 6

解析：本题中 cnum 是一个结构体数组，初始化表中的数据与数组元素的各成员一一对应，即：cnum[0]. x 的值为 1，cnum[0]. y 的值为 3，cnum[1]. x 的值为 2，cnum[1]. x 的值为 7。

7. 若有如下结构体说明：

```
struct STRU
{ int a,b;char c; double d;
  struct STRU * p1, * p2;
};
```

以下选项中，能定义结构体数组的是（ A ）。

A. struct STRU t[20];   B. STRU t[20];

C. struct STRU[20];   D. struct STRU t;

解析：结构体数组定义的一般格式为：struct   结构体类型名   数组名[整型常量表达式]；。

8. 变量 a 所占的字节数是（ D ）。

```
union U
{    char st[4];
     double d;
     long l;
}a;
```

A. 4   B. 10   C. 6   D. 8

解析：共用体变量所占的字节数等于最长成员的长度，成员 st 和 l 都占 4 个字节，成员 d 占 8 个字节，所以共用体变量 a 所占的字节数是 8。

9. 设有以下语句：

```
typedef struct   S
{
     int g;   char   h;
} T;
```

则下面叙述中正确的是（ B ）。

A. 可用 S 定义结构体变量   B. 可用 T 定义结构体变量

C. S 是结构体类型的变量   D. T 是 struct S 类型的变量

解析：typedef 语句的功能是为系统提供的数据类型（如：int、char、float 等）或用户自定义的数据类型（如结构体、共用体、枚举等）另起一个名字，本题中的说明语句是为结构体另起一个名字 T，可以用 T 或 struct S 定义结构体变量。

二、阅读程序题

1. 有以下程序，执行后输出结果是 <u>1001,ZhangDa,1098.0</u>。

```
struct A
{
```

```
        int a;
        char b[10];
        double c;
        };
void f(struct A t);
void main()
{
    struct A a = {1001,"ZhangDa",1098.0};
    f(a);
    printf("%d,%s,%6.1f\n",a.a,a.b,a.c);
}
void f(struct A t)
{
    t.a = 1002;
    strcpy(t.b,"ChangRong");
    t.c = 1202.0;
}
```

解析：函数 f 的形参是 struct A t 是一个结构体变量，在主调函数中由 f(a)调用是单向传递；故结构体变量 a 的值没有改变。

2. 有以下程序,程序运行后的输出结果是 <u>270.00</u> 。

```
struct STU
{
    char num[10];
    float score[3];
};
void  main()
{
    struct STU s[3] = {    {"20021",90,95,85},
                           {"20022",95,80,75},
                           {"20023",100,95,90}}, * p = s;
    int i; float sum = 0;
    for(i = 0;i < 3;i++)
        sum = sum + p -> score[i];
    printf("%6.2f\n",sum);
}
```

解析：程序定义了结构体数组 s[3]并初始化,同时将首地址赋给结构体指针 p,使它指向数组的第一个元素 s[0],使用 sum 保存第一个学生的三门成绩总和并输出。

三、程序设计题

1. 定义一个结构体变量(包括年、月、日)。编写一函数,以结构体变量为形参,计算该日在本年中是第几天。注意闰年问题。

分析：使用 day1 数组存放每个月的天数,由于数组下标从 0 开始,因此定义 13 个元素,第 0 个下标元素赋 0 不用,下标 1～12 分别赋值 1～12 个月的相应天数,2 月份先处理成 28 天,根据输入的年月日,用循环先计算 1～(月份－1)个月的天数之和再加上日即为天数,例如：3 月 5 日,先计算 1～2 月天数的和再加上日,即 31＋28＋5,然后,再根据年份判断是否闰年并且月份要大于 3(因为 1～2 月不需加 1 天)时,如是闰年 2 月份要加 1 天即

结构体、共用体和枚举

29 天。

参考程序如下：

```c
#include <stdio.h>
struct date
{
    int year;
    int month;
    int day;
};
int day2(struct date d)
{
    int i,days = 0;
    int y = d.year,m = d.month,day = d.day;
    int day1[13] = {0,31,28,31,30,31,30,31,31,30,31,30,31};
    for(i = 1;i < m;i++)
        days += day1[i];
    days += day;
    if((y % 4 == 0&&y % 100!= 0||y % 400 == 0)&&(m > = 3))
        days++;
    return days;
}
void main()
{
    struct date date1;
    int days = 0;
    printf("输入年,月,日：");
    scanf("%d,%d,%d",&date1.year,&date1.month,&date1.day);
    days = day2(date1);
    printf("%d月%d日是%d年的第%d天\n",date1.month,date1.day,date1.year,days);
}
```

运行结果：

输入年,月,日：2000,3,1↙
3 月 1 日是 2000 年的第 61 天

2. 有一个通讯录,包括姓名、身份证号、单位、地址和电话,假设有三个联系人,定义结构体数组并初始化,根据键盘输入的姓名输出相应的联系人信息。

分析：根据题意定义结构体类型,包含 4 个字符数组和一个长整型成员,用来存放姓名、身份证号、单位、地址和电话,然后再定义三个元素的结构体数组并赋值；根据键盘输入的姓名,在结构体数组中查找满足条件的元素,若找到,输出相应数组元素的各个成员；否则,显示没找到。注意由于姓名不唯一,因此最好使用身份证号进行查询。

参考程序如下：

```c
#include <stdio.h>
#include <string.h>
struct txl
{
    char name[20];                    /* 姓名 */
```

```
    char sfz[19];                    /* 身份证号为 18 位 */
    char dw[30];                     /* 单位 */
    char address[30];                /* 地址 */
    long tel;                        /* 电话 */
}tx[3] = {{"Wanghong","123456789012345666","天津拖拉机厂","南开五马路",123456},
        {"Zhaoda","123456789012345888","天津大学","和平 11 号",666888},
        {"Liping","123456789012345999","南开大学","南京路 22 号",888999}};
void main()
{
    int i,k = -1;
    char name[20];
    printf("请输入你要查找的姓名：");
    scanf("%s",name);
    for(i = 0;i < 3;i++)
        if(strcmp(tx[i].name,name) == 0)
            k = i;
    if(k!= -1)
    {
        printf("姓名\t 身份证号\t\t 单位\t\t 地址\t\t 电话\n");
        printf("%s\t%s\t%s\t%s\t%ld\n",tx[k].name,tx[k].sfz,
        tx[k].dw,tx[k].address,tx[k].tel);
    }
    else
        printf("没找到!!!");
}
```

3. 某商店当天出售商品如下：

商品	单价	数量	金额
计算机	4500	2	
冰箱	2300	3	
空调	12000	4	
洗衣机	3300	12	

要求：

（1）编写函数 jisuan，功能是接收主函数传送过来的结构体数组，计算每种商品的金额及总数量和总金额。

（2）编写函数 sort，根据金额按从大到小的顺序排序。

（3）编写函数 output，输出排序后的全部内容。

在 main 函数中定义结构体数组并初始化，调用以上函数实现计算、排序和输出功能，最好能使用结构体指针。

分析：题目解题步骤如下。

（1）设计相应的结构体类型，定义结构体数组并初始化。

（2）计算每种商品的金额及总数量和总金额。

（3）按金额排序。

（4）输出所有信息。

（5）定义 main 函数，调用实现上述功能的各函数。

参考程序如下：

```
#include<stdio.h>
struct goods
{
    char name[20];                            /*商品名*/
    float price;                              /*单价*/
    int num;                                  /*数量*/
    float money;                              /*金额*/
};
void jisuan(struct goods *a,int n);           /*三个函数声明*/
void sort(struct goods *a,int n);
void output(struct goods *a,int n);
void main()
{
    struct goods s[4]={{"计算机",4500,2},{"冰箱",2300,3},
                       {"空调",12000,4},{"洗衣机",3300,12}};
    jisuan(s,4);
    sort(s,4);
    output(s,4);
}
void jisuan(struct goods *a,int n)            /*计算每种商品的金额及总数量和总金额*/
{
    int znum=0;                               /*总数量*/
    float zmoney=0;                           /*总金额*/
    struct goods *p;
    for(p=a;p<a+n;p++)
    {
        p->money=p->num*p->price;             /*计算金额*/
        znum+=p->num;                         /*累加总数量*/
        zmoney+=p->money;                     /*累加总金额*/
    }
    printf("总数量为：%d\n",znum);
    printf("总金额为：%8.1f\n",zmoney);
}
void sort(struct goods *a,int n)              /*根据金额从大到小用选择法排序*/
{
    struct goods temp;
    int i,j,k;
    for(i=0;i<n-1;i++)
    {
        k=i;
        for(j=i+1;j<n;j++)
            if(a[j].money<a[k].money)         /*求金额最大的数组元素下标*/
                k=j;
        if(k!=i)
        {
            temp=a[i];                        /*结构体变量的整体赋值*/
            a[i]=a[k];
            a[k]=temp;
        }
```

```
        }
    }
void output(struct goods * a,int n)                   /*输出全部商品的信息*/
{
    struct goods  * p;
    printf("商品\t\t\t 单价\t\t 数量\t\t 金额\n");
    for(p = a;p < a + n;p++)
        printf("%s\t\t\t%.1f\t\t%d\t\t%.1f\n",p -> name,p -> price,p -> num,p ->
money);
    }
```

9.3　练习与答案

一、单项选择题

1. 相同结构体类型的变量之间可以(　　)。

    A. 相加 　　　　　B. 赋值 　　　　　C. 比较大小 　　　　D. 地址相同

2. static struct {int a1;float a2;char a3;}a[10]={1,3.5,'A'};说明数组 a 采用静态存储方式,其中被初始化的数组元素是(　　)。

    A. a[1] 　　　　　B. a[−1] 　　　　　C. a[0] 　　　　　D. a[10]

3. 当定义一个结构体变量时,系统分配给它的内存是(　　)。

    A. 各成员所需内存量的总和　　　　B. 结构体中第一个成员所需内存量

    C. 结构体中最后一个成员所需内存量　　D. 成员中占内存量最大者所需的容量

4. C 语言中定义结构体的保留字是(　　)。

    A. union 　　　　B. struct 　　　　C. enum 　　　　D. typedef

5. 已知学生记录描述为:

```
struct student
{
    int no;
    char name[20];
    char sex;
    struct
    {
        int year;
        int month;
        int day;
    }birth;
};
struct student s;
```

设变量 s 中的"生日"应是"1984 年 11 月 11 日",下列对"生日"的正确赋值方式是(　　)。

    A. s. birth. year=1984;s. birth. month=11;s. birth. day=11;

    B. birth. year=1984;birth. month=11;birth. day=11;

    C. s. year=1984;s. month=11;s. day=11;

D. year＝1984;month＝11;day＝11;

6. 若有以下说明和语句：

```
struct student
{
int age;
int num;
}std, * p;
p = &std;
```

则以下对结构体变量 std 中的成员 age 的引用方式不正确的是（　　）。

A. std. age　　　　B. p－>age　　　　C.（＊p). age　　　　D. ＊p. age

7. 设有定义：

```
struct complex
{ int real, unreal;} datal = {1,8},data2;
```

则以下赋值语句中错误的是（　　）。

A. data2＝data1;　　　　　　　　B. data2＝(2,6);

C. data2. real1＝data1. real;　　　D. data2. real＝data1. unreal;

8. 有以下定义和语句：

```
struct workers
{
  int num;
  char name[20];
  char c;
  struct
  {
      int day;
      int month;
      int year;} s;
};
struct workers w, * pw;
pw = &w;
```

能给 w 中 year 成员赋值 1980 的语句是（　　）。

A. ＊pw. year＝1980;　　　　　B. w. year＝1980;

C. w. s. year＝1980;　　　　　D. pw－>year＝1980;

二、程序填空题

以下程序的功能是计算某日是当年的第几天。请填写空缺部分。

```
# include < stdio. h >
struct
{
  int year;
  int month;
  int day;
}data;                    /* 定义一个结构题并声明变量名为 data */
```

```
void main()
{
  int days;
  printf("请输入日期(年,月,日): ");
  scanf("%d,%d,%d", &data.year, &data.month, &data.day);
  switch(data.month)
  {
    case 1:days = data.day;
           break;
    case 2:days = data.day + 【1】 ;
           break;
    case 3:days = data.day + 59;
           break;
    case 4:days = data.day + 90;
           break;
    case 5:days = data.day + 【2】 ;
           break;
    case 6:days = data.day + 151;
           break;
    case 7:days = data.day + 181;
           break;
    case 8:days = data.day + 212;
           break;
    case 9:days = data.day + 243;
           break;
    case 10:days = data.day + 273;
           break;
    case 11:days = data.day + 304;
           break;
    case 12:days = data.day + 334;
           break;
  }
  if(data.year % 4 == 0&&data.year % 100!= 0 【3】 data.year % 400 == 0)
    if(data.month >= 3)
      days = 【4】 ;
  printf("%d月%d日是%d年的第%d天.\n", data.month, data.day, data.year, days);
}
```

三、程序改错题

1. 以下程序是有关结构体变量传递的程序,请修改使之能完成相应的功能。

```
#include <stdio.h>
struct student
{
  int x;
  char c;
} a;
void main()
{
  a.x = 3;
  /*********** FOUND1 ********** /
```

结构体、共用体和枚举

```
        a.c = 'a'
        f(a);
        / ********** FOUND2 ********** /
        printf(" % d, % c",a.x,b.c);
}
f(struct student b)
{
    b.x = 20;
    / ********** FOUND3 ********** /
    b.c = y;
}
```

2. 以下程序的功能是输入 5 个学生的信息并输出,请修改使之能完成相应的功能。

```
# include < stdio. h >
# define N 5
struct student
{
    char num[6];
    char name[8];
    int score[4];
} stu[N];
void input(struct student stu[])
{
    / ********** FOUND1 ********** /
    int i;j;
    for(i = 0;i < N;i++)
    {
        printf("\n please input % d of  % d\n",i + 1,N);
        printf("num: ");
        scanf(" % s",&stu[i].num);
        printf("name: ");
        scanf(" % s",stu[i].name);
        for(j = 0;j < 3;j++)
        {
            / ********** FOUND2 ********** /
            printf("score % d.",j);
            scanf(" % d",&stu[i].score[j]);
        }
        printf("\n");
    }
}
print(struct student stu[])
{
    int i,j;
    printf("\nNo. Name Sco1 Sco2 Sco3\n");
    / ********** FOUND3 ********** /
    for(i = 0;i < = N;i++)
    {
        printf(" % -6s % -10s",stu[i].num,stu[i].name);
        for(j = 0;j < 3;j++)
```

```
            printf("%-8d",stu[i].score[j]);
        printf("\n");
    }
}
void main()
{
    input(stu);
    print(stu);
}
```

练习参考答案

一、单项选择题

1. B　2. C　3. A　4. B　5. A　6. D　7. B　8. C

二、程序填空题

【1】31　　【2】120　　【3】||　　【4】days+1

三、程序改错题

1. FOUND1：a. c='a'；FOUND2：printf("%d,%c",a. x,a. c)；FOUND3：b. c='y'；

2. FOUND1：int i,j；FOUND2：printf("score %d. ",j+1)；FOUND3：for(i=0;
i<N;i++)

第9章

结构体、共用体和枚举

第 10 章　　　文　件

10.1　本章要点

（1）文件是存储在外部介质上数据的集合，是操作系统数据管理的单位。C 语言中的文件为流式文件，即把文件看作一个字节序列。

（2）在 C 语言中文件的含义比较广泛，不仅包含传统意义上的文件，还包括设备文件。设备文件是指与主机相连的各种外部设备，如显示器、打印机、键盘等，键盘常称为标准输入文件，显示器称为标准输出文件及标准错误输出文件，从而把实际的物理设备抽象化为逻辑文件。

（3）从数据组织形式的角度来看，文件可分为文本文件和二进制文件。

① 文本文件又称为 ASCII 文件，每个字节存放相应字符的 ASCII 码值。

② 二进制文件是把数据按其在内存中的存储形式原样输出到磁盘上存放。

（4）对文件的操作，是通过指向该文件结构体的指针变量（简称为文件指针）进行的。为此，C 语言要求，在对一个文件进行处理时，需首先定义文件指针，程序后面对该文件的访问，均通过这个文件指针来实现。定义文件指针的格式如下：

FILE * 文件指针变量名

如：

FILE * fp;　　　　　　　/ * 定义一个名为 fp 的文件指针 * /

（5）程序对文件的操作可以分为三类：打开文件、读写文件内容和关闭文件。所有这些操作都是通过调用一组库函数实现的，这些函数的原型声明包含在头文件 stdio.h 中。

（6）文件的打开是通过 fopen 函数实现的，其使用的一般形式为：

文件指针名 = fopen(文件名, 文件使用方式);

文件使用方式是一个字符串常量，表明打开文件的目的，打开文件时的使用方式要与后面对文件的读写方式相符。

（7）在文件使用完毕后，应及时调用 fclose 函数关闭它。其使用的一般形式为：

fclose(文件指针);

（8）按照字符方式读写文件主要用于文本文件，C 标准库提供了 fgetc 和 fputc 两个库函数对文本文件进行字符读写。

（9）按行处理文本文件，可使用 fgets 和 fputs 函数。

（10）对文件的格式化读写使用 fscanf 和 fprintf 函数。

（11）成块读写函数 fread 和 fwrite 专用于二进制文件的读写。

（12）对文件进行随机读写需使用文件指针定位函数 fseek 和文件指针回绕函数 rewind。

10.2 习题解答

一、单项选择题

1. C 语言中的文件类型只有（ D ）。
    A. 索引文件和文本文件两种 B. 二进制文件一种
    C. 文本文件一种 D. ASCII 文件和二进制文件两种
解析：C 语言中的文件为流式文件，按数据的存放形式分为二进制文件和文本文件。

2. 应用缓冲文件系统对文件进行读写操作，打开文件的函数名为（ B ）。
    A. open B. fopen C. close D. fclose

3. 应用缓冲文件系统对文件进行读写操作，关闭文件的函数名为（ A ）。
    A. fclose() B. close() C. fread() D. fwrite()

4. 打开文件时，方式 w 决定了对文件进行的操作是（ A ）。
    A. 只写盘 B. 只读盘 C. 可读可写盘 D. 追加写盘

5. 若以 a+方式打开一个已存在的文件，则以下叙述正确的是（ A ）。
    A. 文件打开时，原有文件内容不被删除，位置指针移到文件末尾，可进行添加和读操作
    B. 文件打开时，原有文件内容不被删除，位置指针移到文件开头，可进行重写和读操作
    C. 文件打开时，原有文件内容被删除，只可进行写操作
    D. 以上各种说法皆不正确

6. 若要用 fopen 函数打开一个新的二进制文件，该文件要既能读也能写，则文件方式字符串应是（ B ）。
    A. "ab++" B. "wb +" C. "rb +" D. "ab"

7. 若执行 fopen 函数时发生错误，则函数的返回值是（ B ）。
    A. 地址值 B. NULL C. 1 D. EOF

8. 若 fp 已正确定义并指向某个文件，当未遇到该文件结束标志时函数 feof(fp) 的值为（ A ）。
    A. 0 B. 1 C. −1 D. 一个非 0 值
解析：feof 函数用来判断文件指针指向的文件是否结束，若未结束，返回 0；若已结束，返回 1。

9. 系统的标准输入文件是指（ A ）。
    A. 键盘 B. 显示器 C. 软盘 D. 硬盘

二、程序设计题

1. 在 D 盘根目录下创建一个名为 123.txt 的数据文件，要求在该文件中写入 26 个英文小写字母。

参考程序如下：

```
#include <stdio.h>
#include <stdlib.h>
void main()
{
    FILE *fp;
    char ch;
    fp = fopen("d:\\123.txt","w");
    if(fp == NULL)
    {
        printf("Cann't create the file.\n");
        return;
    }
    for(ch = 'a';ch <= 'z';ch++)
        fputc(ch,fp);
    fclose(fp);
}
```

2. 打开由第 1 题所创建的数据文件 123.txt，要求将保存在该文件中的所有小写字母，按照每行显示 5 个字母的格式，全部显示在屏幕上。

参考程序如下：

```
#include <stdio.h>
#include <stdlib.h>
void main()
{
    FILE *fp;
    char ch;
    int i = 1;
    fp = fopen("d:\\123.txt","r");
    if(fp == NULL)
    {
        printf("Cann't open the file.\n");
        return;
    }
    while(!feof(fp))
    {
        ch = fgetc(fp);
        if(i % 5 == 0)
        {
            printf("%c",ch);
            printf("\n");
        }
        Else
            printf("%c",ch);
        i++;
    }
    fclose(fp);
}
```

3. 在 d 盘下建立一个文本文件 1. txt,从键盘输入任意一首古诗,每输入一句回车换行,以"@"作为结束标记。将古诗写到 1. txt 中去。

参考程序如下:

```
#include<stdio.h>
#include<stdlib.h>
void main()
{
    FILE *fp;
    char s[80];
    int i = 1;
    fp = fopen("d:\\1.txt","w");
    if(fp == NULL)
    {
        printf("Cann't create the file.\n");
        return;
    }
    while(1)
    {
        gets(s);
        if(strcmp(s, "@")!= 0)
            fputs(s,fp);
        else
            break;
    }
    fclose(fp);
}
```

4. 从键盘上分别输入每个学生的原始记录(包括学号、数学成绩、物理成绩和语文成绩,如表 10-1 所示),计算出每个学生的总成绩,然后按照格式化写文件的要求,把完整的信息保存到一个名为 score. txt 的文本文件中去。

表 10-1　学生成绩信息表

学　号	数　学	物　理	语　文	总　成　绩
08220101	70	85	60	
08220102	91	65	78	
08220103	100	95	55	
08220104	83	88	96	

参考程序如下:

```
#include<stdio.h>
struct student                      /*学生成绩信息*/
{
    char no[9];                     /*学号*/
    float shuxue;                   /*数学*/
    float yuwen;                    /*语文*/
    float wuli;                     /*物理*/
    float zongfen;
```

```
};
void main()
{
    FILE * fp;
    struct student stu[4];
    int i;
    fp = fopen("c:\\score.txt","w");
    if(fp == NULL)
    {
        printf("score.txt can't create.\n");
        return;
    }
    for(i = 0;i <= 3;i++)
    {
        scanf("%s%f%f%f",stu[i].no,&stu[i].shuxue,&stu[i].yuwen,&stu[i].wuli);
        stu[i].zongfen = stu[i].shuxue + stu[i].yuwen + stu[i].wuli;
        fprintf(fp,"%s%f%f%f%f",stu[i].no,stu[i].shuxue,stu[i].yuwen,stu[i].wuli,
        stu[i].zongfen);
    }
    fclose(fp);
}
```

10.3   练习与答案

一、单项选择题

1. 下列关于 C 语言数据文件的叙述中正确的是(　　)。

　　A. 文件由 ASCII 码字符序列组成,C 语言只能读写文本文件

　　B. 文件由二进制数据序列组成,C 语言只能读写二进制文件

　　C. 文件由记录序列组成,可按数据的存放形式分为二进制文件和文本文件

　　D. 文件由数据流形式组成,可按数据的存放形式分为二进制文件和文本文件

2. 以下程序试图把从终端输入的字符输出到名为 abc.txt 的文件中,直到从终端读入字符 ♯ 号时结束输入和输出操作,但程序有错。

```
♯ include < stdio.h>
void main()
{
    FILE * fout;
    char ch;
    fout = fopen("abc.txt", "r");
    ch = getchar();
    while(ch != '♯')
    {
        fputc(ch,fout);
        ch = getchar();
    }
    fclose(fout);
}
```

出错的原因是(　　　)。

A. 函数 fopen 调用形式错误　　　　　　B. 输入文件没有关闭

C. 函数 fgetc 调用形式错误　　　　　　D. 文件指针 stdin 没有定义

3. 有以下程序(提示:程序中 fseek(fp, - 2L * sizeof(int),SEEK_END);语句的作用是使文件指针从文件尾向前移 2 * sizeof(int)字节):

```
# include < stdio.h >
void main()
{
    FILE * fp;
    int i,a[4] = {1,2,3,4},b;
    fp = fopen("data.dat","wb");
    for(i = 0;i < 4;i++)
        fwrite(&a[i],sizeof(int),1,fp);
    fclose(fp);
    fp = fopen("data.dat","rb");
    fseek(fp, - 2L * sizeof(int),SEEK_END);
    fread(&b,sizeof(int),1,fp);      /* 从文件中读取 sizeof(int)字节的数据到变量 b 中 */
    fclose(fp);
    printf(" % d\n",b);
}
```

执行后输出结果是(　　　)。

A. 2　　　　　　　B. 1　　　　　　　C. 4　　　　　　　D. 3

二、阅读程序题

已有文本文件 test.txt,其中的内容为:Hello,everyone!。以下程序中,文件 test.txt 已正确为"读"而打开,由文件指针 fr 指向该文件,则程序的输出结果是_____。

```
# include < stdio.h >
void main()
{
    FILE * fr;
    char str[40];
        …
    fgets(str,5,fr);
    printf(" % s\n",str);
    fclose(fr);
}
```

三、程序设计题

1. 编写一个文件加密程序,读取一个文本文件 test.txt,将每个字符按一定规律转换成密码并写入另一个文件 mima.txt。转换规律如下:将字符 A 变成字符 E,a 变成 e,即变成该字母其后的第 4 个字符,字符 W 变成字符 A,字符 X 变成字符 B,字符 Y 变成字符 C,字符 Z 变成字符 D。

2. 有一磁盘文件 employee 里面存放有若干名职工的数据。每个职工的数据包括职工姓名、职工号、性别、年龄、住址、工资、健康状况、文化程度。要求将职工姓名、工资的信息单独抽出来另建一个简明的职工工资文件。

129

3. 从键盘输入若干行字符(每行长度不等),输入后把它们存储到一磁盘文件中;再从该文件中读取这些数据,将其中大写字母转换为小写字母后在屏幕上输出。

练习参考答案

一、单项选择题

1. D　2. A　3. D

二、阅读程序题

```
Hell
```

三、程序设计题

1. 编写一个文件加密程序,读取一个文本文件 test. txt,将每个字符按一定规律转换成密码并写入另一个文件 mima. txt。转换规律如下:将字符 A 变成字符 E,a 变成 e,即变成其后的第 4 个字符,字符 W 变成字符 A,字符 X 变成字符 B,字符 Y 变成字符 C,字符 Z 变成字符 D。

分析:

(1) 由于要处理的文件为文本文件,而且逐个字符进行变换,所以对文件的读写用 fgetc 和 fputc 函数。

(2) 对每个字符分为三种情况进行处理:大写字母、小写字母和其他字符。

参考程序如下:

```c
# include < stdio. h>
void main()
{
    FILE  * fp1, * fp2;
    char ch;
    fp1 = fopen("test. txt","r");
    if(fp1 == NULL)
    {
        printf("test. txt can not open. \n");
        return;
    }
    fp2 = fopen("mima. txt","w");
    if(fp2 == NULL)
    {
        printf("mima. txt can not create. \n");
        return;
    }
    while(!feof(fp1))
    {
        ch = fgetc(fp1);
        if(ch > = 'a' && ch < = 'z')
        {
            ch = ch + 4;
            if(ch >'z')
                ch = ch - 26;
        }
        if(ch > = 'A' && ch < = 'Z')
```

```
            {
                ch = ch + 4;
                if(ch > 'Z')
                    ch = ch - 26;
            }
            fputc(ch,fp2);
        }
        fclose(fp1);
        fclose(fp2);
    }
```

2. 有一磁盘文件 employee 里面存放有若干名职工的数据。每个职工的数据包括职工
姓名、职工号、性别、年龄、住址、工资、健康状况、文化程度。要求将职工姓名、工资的信息单
独抽出来另建一个简明的职工工资文件。

参考程序如下:

```
# include < stdio. h >
# define   N 2
struct worker              / * 职工信息 * /
{
    int no;                / * 职工号 * /
    char name[10];         / * 职工姓名 * /
    char sex[3];           / * 性别 男/女 * /
    int age;               / * 年龄 * /
    char addr[20];         / * 地址 * /
    float salary;          / * 工资 * /
    char health[10];       / * 健康状况 * /
    char xueli[10];        / * 文化程度 * /
};
struct sworker             / * 简明职工信息 * /
{
    char name[10];         / * 职工姓名 * /
    float salary;          / * 工资 * /
};
void create()              / *  先创建一个存放两个职工信息的文件,以便验证下面的程序 * /
{
    FILE  * fp;
    struct worker w[N] = {{1001,"李琦","男",41,"天津",2134.5,"健康","本科"},{1002,"卫
红","女",35,"北京",2012,"健康","硕士"}};
    int i = 0;
    fp = fopen("employee. dat","w");
    if(fp == NULL)
    {
        printf("employee. dat can't create. \n");
        return;
    }
    fwrite(w, sizeof(struct worker),N,fp);
    fclose(fp);
}
void main( )
```

```
{
    FILE * fp1, * fp2;
    struct worker w[N];
    struct sworker sw[N];
    int i;
    create();
    fp1 = fopen("employee.dat","r");
    if(fp1 == NULL)
    {
        printf("employee.dat can't open. \n");
        return;
    }
    fp2 = fopen("semployee.dat","w");
    if(fp2 == NULL)
    {
        printf("semployee.dat can't create. \n");
        return;
    }
    fread(w, sizeof(struct worker), N, fp1);
    for(i = 0; i < N; i++)
    {
        strcpy(sw[i].name, w[i].name);
        sw[i].salary = w[i].salary;
    }
    fwrite(sw, sizeof(struct sworker), N, fp2);
    fclose(fp1);
    fclose(fp2);
}
```

3. 从键盘输入若干行字符(每行长度不等),输入后把它们存储到一磁盘文件中;再从该文件中读取这些数据,将其中大写字母转换为小写字母后在屏幕上输出。

分析:对文件的操作是以行为单位进行的,所以文件的读写函数用 fgets 函数和 fputs 函数。定义 create 函数用来创建一个新文件,output 函数实现读取文件内容并转换输出。

参考程序如下:

```
# include < stdio.h >
# include < string.h >
void create()
{
    FILE * fp;
    int i,n;
    char s[80];
    fp = fopen("text1.txt","w");
    if(fp == NULL)
    {
        printf("text1.txt can't create. \n");
        return;
    }
    printf("请输入文件的行数: ");
    scanf("% d", &n);
```

```c
        getchar();              /* 吃掉前面输入时所剩余的垃圾字符 */
        for(i = 0;i < n;i++)
        {
            gets(s);
            fputs(s,fp);
            fputs("\n",fp);
        }
        fclose(fp);
}
void output()
{
        FILE * fp;
        int i;
        char s[80];
        fp = fopen("text1.txt","r");
        if(fp == NULL)
        {
            printf("text1.txt can not open. \n");
            return;
        }
        printf("输出结果为: \n");
        while(!feof(fp))
        {
            fgets(s,80,fp);
            for(i = 0;s[i]!= '\0';i++)
                if(s[i]> = 'A'&&s[i]< = 'Z')
                    putchar(s[i] + 32);         /* 大写字母转换为小写字母 */
                else
                    putchar(s[i]);
        }
        fclose(fp);
}
void main()
{
        create();
        output();
}
```

第 2 部分

实 验 指 导

实验 1　熟悉 C 语言的运行环境

一、实验目的

(1) 熟悉 C 语言编程环境中文版 VC++ 6.0,熟练掌握运行一个 C 程序的基本步骤。

(2) 了解 C 程序的基本构成,能够编写简单的 C 程序。

二、实验内容

(1) 编写程序实现在屏幕上显示一个句子"Hello World!"。

(2) 编程实现：在屏幕上显示一个短句"开始学习 C 语言了!"。

(3) 编程实现：在屏幕上显示下列图形。

```
****
***
**
*
```

三、实验指导

(1) 作为学习 C 语言的第一个实验,在 Visual C++ 编程环境下,以完成实验内容 1 为例,介绍运行一个 C 程序的基本步骤,学生可以根据以下步骤进行操作。

① 建立一个自己的文件夹。在磁盘上某路径下新建一个文件夹,用于存放 C 程序及相关编译目标文件,如 D:\ctest。

② 启动 VC++。执行"开始"→"所有程序"→Microsoft Visual Studio 6.0→Microsoft Visual C++ 6.0 命令,进入 VC++ 6.0 编程环境(如图 1-1 所示)。

③ 新建文件。执行"文件"→"新建"命令,选择"文件"选项卡(如图 1-2 所示),先在"文件名"文本框中输入"test. c"(此处若不输入扩展名. c,系统默认建立的文件是 test. cpp,一般情况下建议此处输入文件名时连同扩展名. c 一同输入),把 C 语言源文件命名为 test. c,单击"位置"下面的 ...,选择已经建立的文件夹,如 D:\ctest；然后选中左侧的 C++ Source File 选项,单击"确定"按钮,这样,在 D:\ctest 下就新建了文件 test. c,并显示编辑窗口和信息窗口(如图 1-3 所示)。

④ 编辑和保存。在编辑窗口(如图 1-3 所示)中输入程序,然后执行"文件"→"保存"命令,保存源文件。

⑤ 编译。执行"组建"→"编译[test. c]"命令(如图 1-4 所示),或单击工具栏中的 按钮,在弹出的消息框(如图 1-5 所示)中单击"是"按钮,开始编译,并在信息窗口中显示编译信息(如图 1-6 所示)。

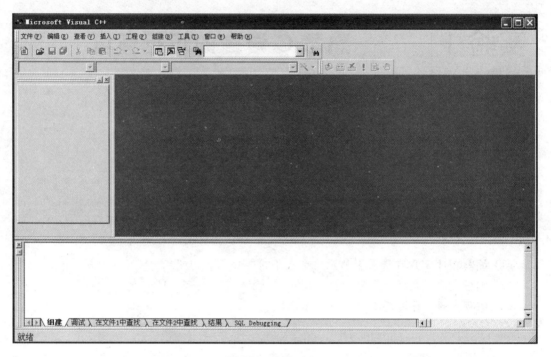

图 1-1　VC++窗口

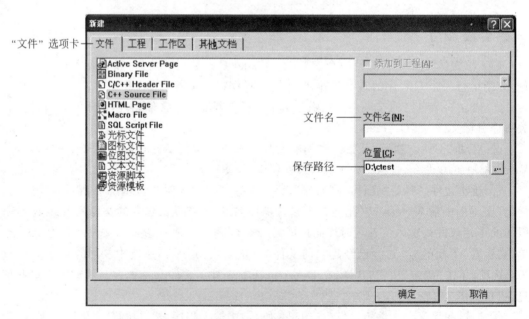

图 1-2　新建文件

图 1-3　编辑源程序

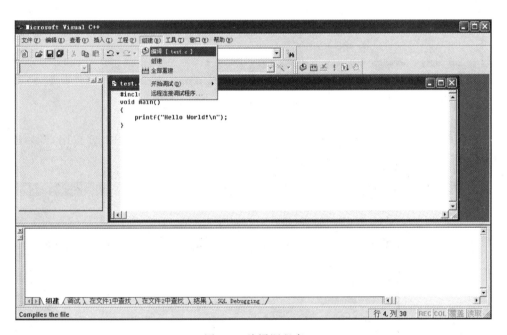

图 1-4　编译源程序

图 1-5　工作区消息提示框

如图 1-6 所示,信息窗口中出现的"test.obj —0 error(s),0 warning(s)",表示编译正确,没有发现错误和警告,并生成目标文件 test.obj。

注意：如果显示 error 错误信息，说明程序中存在语法错误，必须改正；如果显示 warning 警告信息，说明这些错误并未影响目标文件的生成，不影响输出最终正确的结果，但通常也应该改正。

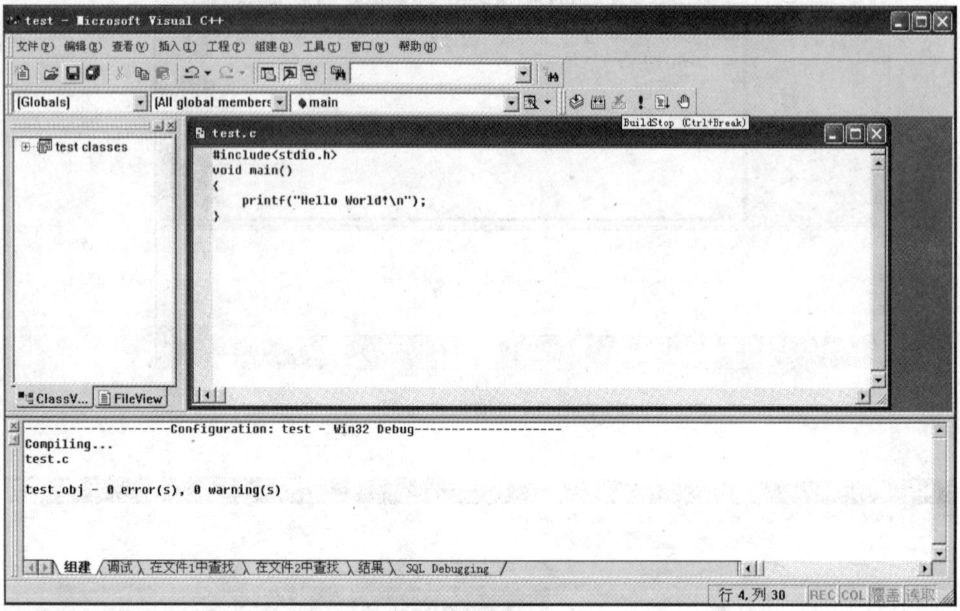

图 1-6 编译正确

⑥ 连接。执行"组建"→"组建[test.exe]"命令，或单击工具栏中的 按钮，开始连接，并在信息窗口中显示连接信息（如图 1-7 所示）。

图 1-7 连接成功并产生执行文件

信息窗口中出现的"test. exe —0 error(s),0 warning(s)"表示连接成功,并生成了可执行文件 test.exe。

说明:也可以省略步骤⑤,直接进入步骤⑥,同时进行编译和组建。

⑦ 执行。执行"组建"→"执行[test.exe]"命令(如图 1-8 所示),或单击工具栏中的 ![] 按钮,自动打开执行窗口(如图 1-9 所示),显示运行结果"Hello World!"。其中,"Press any key to continue"提示用户按任意键退出执行窗口,返回到 VC++编辑窗口。

图 1-8   执行程序

⑧ 关闭程序工作区。执行"文件"→"关闭工作区间"命令(见图 1-10),在弹出的对话框(如图 1-11 所示)中单击"是"按钮,关闭工作区。

注意:这一步非常重要,在上机练习的过程中,经常有学生忘记这一步,继续新建文件进

图 1-9   显示运行结果

行下一程序的编辑、编译和执行,结果发现得不到当前题目的运行结果,而仍然是上一题的结果,原因就是做完程序后没有关闭程序工作区。

C 程序调试成功并已关闭,如果要再次打开已存在的 C 源文件,可以执行"文件"→"打开"命令,在文件夹 D:\ctest 中选择文件 test.c;或者在文件夹 D:\ctest 中,直接双击文件 test.c;同时,可以查看 C 源文件、目标文件和可执行文件的存放位置。经过编辑、编译、连接和执行后,在文件夹 D:\ctest(如图 1-12 所示)和 D:\ctest\Debug(如图 1-13 所示)中存放着相关文件。其中,源文件 test.c 在文件夹 D:\ctest 中,目标文件 test.obj 和可执行文件 test.exe 存放在文件夹 D:\ctest\Debug 中。

(2) 常见问题分析及调试示例。

改正下列程序中的错误,在屏幕上显示短句"Welcome to You!"。(源文件名为 error1.c)。

熟悉 C 语言的运行环境

图 1-10 关闭工作区

图 1-11 关闭所有文档窗口提示

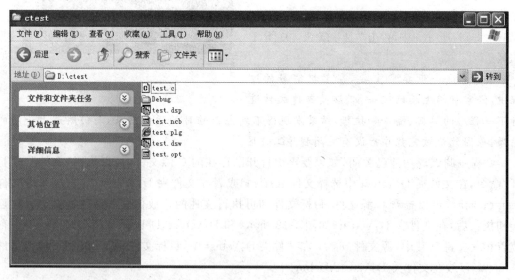

图 1-12 文件夹 D:\ctest 中的文件

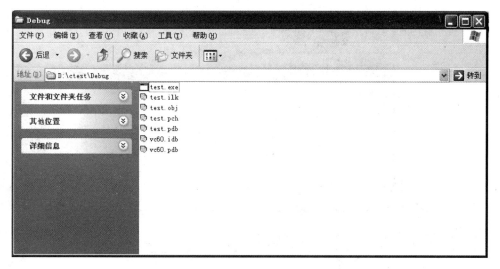

图 1-13　文件夹 D:\ctest\Debug 中的文件

源程序：

```
#include <stdio.h>
void main()
{
    printf(Welcome to You!\n")
}
```

① 打开文件 error1.c。

② 编译。执行"组建"→"编译[error1.c]"命令，或单击工具栏中的 ⊛ 按钮，信息窗口中显示编译错误信息 4error(如图 1-14 所示)。

③ 找出错误。在信息窗口中双击第一条错误信息，编辑窗口中就会出现一个蓝色箭头指向程序出错的位置(如图 1-14 所示)。一般在箭头的当前行或上一行，可以找到出错的语句。如图 1-14 所示箭头指向 printf 函数行，错误信息指出"Welcome"是一个未定义的变量，但"Welcome"并不是变量，出错的原因是"Welcome"前少了前双引号。

④ 改正错误。在"Welcome"前加上前双引号。

⑤ 重新编译。信息窗口中显示本次编译由 4error 变成 1error(如图 1-15 所示)。同样，双击该错误信息，箭头指向最后一行，错误信息指出在"}"的前一行少了一个";"。改正错误，加上 printf 函数后面的分号";"。

⑥ 再次编译。信息窗口中显示编译正确。

⑦ 连接。执行"组建"→"组建[error1.exe]"命令，或单击工具栏中的 ▦ 按钮。

⑧ 执行。执行"组建"→"执行[error1.exe]"命令，或单击工具栏中的 ! 按钮，自动打开执行窗口(如图 1-16 所示)。

注意：在 error1.c 文件编译后产生了 4 个错误，找错误时需要从第一条错误开始查找，不能任意查找错误修改程序，因为程序中真正的语法错误可能只有 2 处，但显示的错误数量可能会多于 2 个，有一些属于同一个错误的连带错误。因此必须从第一个错误开始修改，修改后重新编译。

实验

1

熟悉 C 语言的运行环境

图 1-14　编译产生的错误信息

图 1-15　重新编译后产生的错误信息

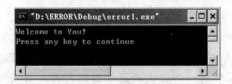

图 1-16　程序执行窗口

四、实验思考题

改正下列程序中的错误,该源程序实现在屏幕上显示如下 3 行信息。

```
****************
I am a student!
****************
```

源程序(有错误的程序):

```
# include < stdio. h>
/ ********** FOUND ********** /
void mian( )
{
    printf(" **************** \n");
    / ********** FOUND ********** /
    printf(I am a student!\n");
    / ********** FOUND ********** /
    printf(" **************** \n")

}
```

实验 2　简单程序设计

一、实验目的

(1) 掌握 C 语言中,基本的输入、输出函数的使用方法。

(2) 掌握 printf 函数中转义字符 '\n'的用法。

(3) 理解并掌握赋值语句的用法。

(4) 掌握算术表达式、赋值表达式的计算。

(5) 掌握 C 语言中常用数学函数的使用。

二、实验内容及要求

1. 基础型实验

(1) 下面程序的功能是:输入正方形的边长,计算周长和面积并输出。请补充完整程序,并上机运行。

```c
# include < stdio. h>
void main()
{
    int a;
    scanf("【1】",【2】);
    printf("正方形的边长是：%d\n",【3】);
    printf("周长是:%d\n",【4】);
    printf("面积是:%d\n",【5】);
}
```

问:本题如果更改为输入长方形的两条边,输出周长和面积,应怎样修改程序?

(2) 下面程序的功能是:实现两个数的对调操作。请补充完整程序,并上机运行。

```c
# include < stdio. h>
void main()
{
    int a,b,t;
    scanf(" %d %d",&a,&b);
    printf("a = %d,b = %d\n",a,b);
    t = 【1】;
    a = 【2】;
    b = 【3】;
    printf("a = %d,b = %d\n",a,b);
}
```

（3）下面程序的功能是：求二分之一的圆面积。

例如：输入圆的半径值 19.527 输出为 s = 598.950017。

请指出程序的错误之处并改正过来，上机调试，提示：每个 FOUND 下面的语句中包含一处错误。

```c
#include <stdio.h>
void main()
{
    float s,r;
    printf ( "Enter r: ");
    / ********** FOUND ********** /
    scanf ( "%d", &r );
    / ********** FOUND ********** /
    s = 1/2 * 3.14159 * r * r;
    / ********** FOUND ********** /
    printf (" s = %f\n", r );
}
```

2. 设计型实验

（1）从键盘输入一个小写字母，将其转换为相应的大写字母并输出。

（2）从键盘上输入两个实数，计算并输出它们的和、差、积、商（均保留两位小数）以及整数部分求余后的结果。

（3）从键盘输入一个三位整数，求各位数字以及它们的立方和，并将结果输出。

3. 提高型实验

（1）编写一个程序，其功能为从键盘上输入一元二次方程 $ax^2+bx+c=0$ 的各项系数 a、b、c 的值（要保证有两个实根），根据公式计算方程的两个根，并输出（结果保留两位小数）：

$$x_{1,2} = \frac{-b \pm \sqrt{b^2 - 4ac}}{2a}$$

（2）已知铁的比重是 7.68，金的比重是 19.3，编写一个程序，其功能为：计算出直径 100mm 和 150mm 的铁球与金球的重量，并输出（结果保留三位小数）。

要求：

① 需要输入：铁的比重，金的比重，两个球的直径。

② 需要输出：铁球与金球的重量。

提示：

球的体积计算公式：$V = \frac{4}{3}\pi R^3 = \frac{1}{6}\pi D^3$，重量＝比重×体积。

三、实验指导

1. 设计型实验（2）

（1）设计分析。

本题主要考查输入输出数据的代码编写，根据题意，可知需要：

输入：两个实数。

输出：这两个实数的和、差、积、商和这两个实数取整后的求余结果。

（2）操作指导。

下面给出该程序的文字说明，读者可根据文字写出代码。

① 定义两个实数 a,b。

② 输出提示语言"请输入两个实数："。

③ 输入语句，用来输入两个实数赋给变量 a,b。

④ 输出结果：将这些结果综合在一条输出语句中输出。

注意：

① 求余运算要使用两个实数的整数部分作为操作数，需要使用强制类型转换，下面是代码：

```
printf("%d",(int)a%(int)b);
```

② 输出保留两位小数使用格式符：%.2f。

（3）常见问题分析。

① 本题要求输入两个数据，并且在程序运行时输入，要根据 scanf 函数的格式字符串的语法要求确定输入数据的格式，如果这样写输入语句：scanf("%f%f",&a,&b)，则输入数据时，两个数据以空格、Tab 键或回车间隔；若这样写输入语句：scanf("%f,%f",&a,&b)，则输入两个数据时，数据之间以逗号间隔。

② 若定义实数为 float 类型，则输入格式符为%f，若定义为 double 类型，则输入格式符为%lf。

2. 设计型实验（3）

（1）设计分析。

本题重点在于获取整数的每一位数字，对于一个三位整数 a 来说，各位数字分别这样获取：

```
个位数字 = a%10
十位数字 = a/10%10
百位数字 = a/100
```

（2）操作指导。

下面给出本题的文字算法，读者可根据文字写出相应代码。

① 定义整型变量 a,gw,sw,bw,a 表示任意一个三位数，gw、sw、bw 分别表示个位、十位和百位数字。

② 输出提示语言"请输入一个三位数的整数："。

③ 输入语句，用于从键盘读入一个整数赋给变量 a。

④ 获取整数 a 的个位、十位和百位。

⑤ 输出结果：每一位数字以及它们的立方和。

求立方和有以下两种方法。

① gw×gw×gw+sw×sw×sw+bw×bw×bw。

② 使用数学函数 pow(double,double)，需加入头文件 math.h，例如，使用函数 pow 计算上面的立方和的表达式为：pow(gw,3)+pow(sw,3)+pow(bw,3)。

（3）常见问题分析。

注意：顺序结构程序的执行方法是，从 main 函数的第一条语句开始执行，依次往下顺序执行每一条语句。因此，先写输入语句，给变量赋值，然后才能获取该变量的各位数字。下面的写法是错误的：

```
int a;
gw = a % 10;
sw = a/10 % 10;
bw = a/100;
scanf(" % d",&a);
```

错误在于，颠倒了语句次序，在执行 scanf 语句之前，a 没有被赋值，故没有数据，无法获取各位数字。

3. 提高型实验(1)

(1) 设计分析。

本题中一元二次方程的三个系数可以定义为整型，两个根需定义为实型，根据题意，需要：

输入：三个整数系数 a,b,c(确保 b×b−4×a×c≥0)。

输出：两个根。

在输入和输出之间，则需要通过公式计算两个实根。这考查 C 语言公式的写法以及数学函数的使用方法。

(2) 操作指导。

下面给出程序的文字说明，读者可根据文字写出相应代码。

① 定义整数系数 a,b,c。

② 定义两个实根 x1,x2。

③ 定义整型变量 delta，保存 b×b−4×a×c。

④ 输出提示语句"请输入三个系数(间隔方式：空格)"。

⑤ 输入语句，给三个变量 a,b,c 赋值。

⑥ 给 delta 赋值。

⑦ 计算 x1,x2 并赋值。

⑧ 输出。

在计算过程中，使用了数学函数 sqrt(double)来求平方根，需加入头文件 math.h。下面给出计算 x1 的赋值语句：

```
x1 = ( - b + sqrt(delta))/(2 * a);
```

(3) 常见问题分析。

计算两个根的过程中要注意，确保公式的分子或分母有一个是实数，这样结果才精确，否则结果为相除的整数部分，不精确。

因为 sqrt 函数的结果是 double 类型，在上面计算 x1 的除法表达式中精度最高，所以整个表达式结果为 double 类型。

四、实验思考题

在设计型实验(3)中，读者能不能根据获取各位数字的方法推理，获取 4 位整数的各个数字？

实验 3　选择结构程序设计

一、实验目的

（1）熟练掌握关系表达式和逻辑表达式的使用方法。

（2）熟练掌握 if 语句、if-else 语句的使用方法。

（3）理解并掌握 if 语句和 if-else 语句的嵌套使用方法。

（4）理解并掌握 switch 语句的使用方法。

二、实验内容及要求

1. 基础型实验

（1）编辑以下程序，分析程序运行结果，理解短路原则的概念。

```c
# include < stdio. h>
void main()
{
    int i = 1, j = 2, m = 3, n = 4, x, y;
    char c = 'A', d = 'B';
    x = (m = c > d)&&(n = i > j);
    y = !x||(++c);
    printf(" % d, % d, % d, % d, % c\n", x, y, m, n, c);
}
```

（2）编辑下面两个程序，分析程序运行结果，理解复合语句的含义。

程序一：

```c
# include < stdio. h>
void main()
{
    int grade;
    scanf(" % d", &grade);
    if (grade < 60)
        printf("Failed!\n");
    printf("You must take this course again!\n");
}
```

操作提示：

① 当输入 grade 为 80 时，程序运行结果如何？

② 当输入 grade 为 50 时，程序运行结果如何？

修改程序如下。

程序二:

```
#include < stdio.h>
void main()
{
    int grade;
    scanf(" % d",&grade);
    if (grade < 60)
    {
        printf("Failed!\n");
        printf("You must take this course again!\n");
    }
    else
        printf("Passed!\n");
}
```

（3）编辑下面两个程序，分析程序运行结果，理解 if 和 else 的配对原则。试分析若要 else 和第一个 if 配对应该如何修改程序。

```
#include < stdio.h>
void main()
{
    int a,b;
    printf("\n input two numbers: ");
    scanf(" % d, % d",&a,&b);
    if(a == 1)
        if(b == 2)
            printf(" *** \n");
    else
        printf(" # # # \n");
}
```

操作提示:

请按下面的情况赋值，查看运行结果（体会测试用例的选择）。

① 当输入 a、b 的值为 1、2 时，程序的运行结果如何？

② 当输入 a、b 的值为 1、3 时，程序的运行结果如何？

③ 当输入 a、b 的值为 2、2 时，程序的运行结果如何？

（4）编辑下面两段程序，分析程序运行结果，理解 break 语句的作用。

程序一:

```
#include < stdio.h>
void main()
{
    char x;
    printf("Please input Y(y) or N(n): ");
    scanf(" % c",&x);
    switch(x)
    {
        case 'Y':printf("You chooce yes!\n");
        case 'y':printf("You chooce yes!\n");
```

```
        case 'X':printf("You chooce no!\n");
        case 'x':printf("You chooce no!\n");
        default:printf("Input error!\n");
    }
}
```

程序二：

```
# include < stdio. h >
void main()
{
    char x;
    printf("Please input Y(y) or N(n): ");
    scanf(" % c",&x);
    switch(x)
    {
        case 'Y':printf("You chooce yes!\n");
        case 'y':printf("You chooce yes!\n");break;
        case 'X':printf("You chooce no!\n");
        case 'x':printf("You chooce no!\n");break;
        default:printf("Input error!\n");
    }
}
```

2. 设计型实验

（1）编程判断输入的正整数是否既是 5 又是 7 的倍数。若是，则输出 yes；否则输出 no。

要求：方法一采用单分支选择结构编程；方法二采用双分支选择结构编程。

（2）编程求下面分段函数的值。

$$y=\begin{cases}x, & x<1 \\ 2x-1, & 1\leqslant x<10 \\ 3x-11, & x\geqslant 10\end{cases}$$

要求：方法一采用单分支选择结构编程；方法二采用多分支选择结构编程。

（3）从键盘输入任意字符，判断字符种类。若是大写字母则转换为对应的小写字母；若是小写字母则转换为对应的大写字母；若是数字则原样输出；若是其他字符则统一输出"其他字符"。

（4）从键盘输入一个学生的高等数学、物理、体育三门课成绩，成绩输入完毕后在屏幕上显示如下菜单，并根据从键盘输入的菜单编号执行相应的菜单功能。

要求：采用 switch 语句编程。

```
*****************************
*        学生成绩管理        *
*    1.计算并输出总成绩       *
*    2.计算并输出平均成绩     *
*    3.输出最高分            *
*    4.输出最低分            *
*****************************
```

3. 提高型实验

编写程序计算 BMI 指数。BMI 指数的计算公式是：BMI＝体重(kg)/身高(m)²。BMI 指数是目前国际上常用的衡量人体胖瘦程度以及是否健康的一个标准，专家指出最理想的体重指数是 22。

成人的 BMI 数值参考标准：

体重指数	男性	女性
过轻：	低于 20	低于 19
适中：	20～25	19～24
过重：	25～30	24～29
肥胖：	30～35	29～34
非常肥胖：	高于 35	高于 34

三、实验指导

1. 设计型实验(1)

(1) 设计分析。

题目根据 if 条件的不同可以采用三种编程结构。

① 单分支选择结构：使用两条 if 语句，第一条 if 语句判断该数能够被"5 和 7 同时整除"并输出"yes"，第二条 if 语句判断该数不能够被"5 和 7 同时整除"并输出"no"。

② 双分支选择结构：使用一条 if else 语句，if 语句的条件是判断该数能够被"5 和 7 同时整除"并输出"yes"；else 后的语句是输出"no"。

(2) 操作指导。

① 判断一个数是否是另一个数的倍数，可以用求余运算符来表示。例如：判断一个数 x 是否是 5 的倍数，可以使用 x%5 来表示，若 x%5 == 0 则表示 x 能被 5 整除，即 x 是 5 的倍数。

② 表示两个或多个条件同时成立，使用逻辑运算符 && 将两个或多个条件连接起来即可。例如：判断 x 是否既是 5 又是 7 的倍数，可以表示为 x%5 == 0&&x%7 == 0。

(3) 常见问题分析。

① 分号是语句的结束标记，不应写在 if 条件表达式的后面。若写错位置，C 编译器会将分号误认为"空语句"，因此编译后并不报错。

错误写法：

```
if(grade>=60);
  printf("Passed!\n");
```

正确写法：

```
if(grade>=60)
  printf("Passed!\n");
```

分析：采用错误写法，当变量 grade 的值大于等于 60 时，执行空语句，接着顺序执行其后的 printf 语句。因此，无论 grade 是否大于等于 60，程序运行后都会在屏幕上输出"Passed!"。

② 赋值运算符"＝"和逻辑相等运算符"＝＝"的混淆使用导致编程错误。

本题中表示 x 对 5 求余数的结果为 0,应该使用逻辑相等运算符"＝＝",而不是赋值运算符"＝"。

错误写法:

x % 5 = 0

正确写法:

x % 5 == 0

分析:采用错误写法,程序编译后会提示存在语法错误。因为"＝"是赋值运算符,赋值运算符的功能是将"＝"右边的常量或表达式的值赋值给"＝"左边的变量,赋值运算符无法给表达式赋值。

2. 设计型实验(2)

(1) 设计分析。

题目根据 if 条件的不同可以采用两种编程结构。

① 单分支选择结构:使用三条 if 语句,第一条 if 语句判断"x < 1"是否成立,若成立则计算"y = x",第二条 if 语句判断"1 ≤ x < 10"是否成立,若成立则计算"y = 2x - 1",第三条 if 语句判断"x ≥ 10"是否成立,若成立则计算"y = 3x - 11"。

② 多分支选择结构:使用 if 语句的嵌套形式。即先判断"x < 1"是否成立,若成立则计算"y = x",若不成立则判断"x < 10"是否成立,若成立则计算"y = 2x - 1",若不成立则计算"y = 3x - 11"。

(2) 操作指导。

题目根据变量 x 的取值范围,变量 y 的计算公式有所不同,但是在编程时应注意并非每计算过一次 y 的值后就立即输出该结果,应该在全部的 if 语句都执行完后,再统一输出 y 的值,即整个程序的输出语句只有一条。

(3) 常见问题分析。

① 表达式 y = 2x - 1 中的乘法运算符被省略掉了,但是在 C 语言编程语句中不能省略掉乘法运算符,若省略则 C 语言编译器会报错。

错误写法:

y = 2x - 1;

正确写法:

y = 2 * x - 1;

分析:C 编译器之所以会报错,原因在于 2x 被编译器理解为一个变量名而并非乘法表达式,然而 C 语言中的变量命名时只能使用字母、数字和下划线,且第一个字符必须为字母或下划线。

② 在 if-else 的多层嵌套语句中,每一个 else 语句后面的 if 条件都应是上一个 if 语句条件的补集。

错误写法:

```
if(grade > 100&&grade < 0)
    printf("Input error!Please input again!\n");
else
    if(grade <= 100&&grade >= 60)
        printf("Passed!\n");
    else
        if(grade < 60)
            printf("Failed!\n");
```

正确写法：

```
if(grade > 100&&grade < 0)
    printf("Input error!Please input again!\n");
else
    if(grade >= 60)
        printf("Passed!\n");
    else
        printf("Failed!\n");
```

分析：错误写法中，当程序执行到第一个 else 语句时变量 grade<=100，因此没有必要在第二个 if 语句的条件处写成 grade<=100&&grade>=60，直接写 grade>=60 即可；同理，当程序执行到第二个 else 语句时变量 grade<60，因此没有必要再多进行一次 grade<60 的判断，直接输出"Failed!"即可。

3. 设计型实验（3）

（1）设计分析。

题目为典型的多分支选择结构。虽然也可以使用多条单分支选择结构 if 语句来实现，但由于多条 if 语句的条件书写较为复杂，所以建议采用 if 语句的嵌套形式编程。

（2）操作指导。

① 题目根据从键盘输入字符种类的不同，对字符的处理方式也不同。本题与设计型实验（2）在输出形式上有很大区别：设计型实验（2）执行完全部的 if 语句后统一输出 y 的值，而本题无法采用设计型实验（2）的输出形式，而是每转换一次字符后立即输出转换后的结果，因此本题参考程序中必须使用 4 条输出语句。

② C 语言中字符常量的表示方法有两种，一种是用单引号括起来的单个字符，另一种是该字符对应的 ASCII 码值。大写字母 A 对应的 ASCII 码值是 65，小写字母 a 对应的 ASCII 码值是 97，两者相差 32，因此 32 便是进行大小写字母转换的关键数据。从大写字母转换成小写字母只需在原有字符的基础上加 32 即可；从小写字母转换成大写字母只需在原有字符的基础上减 32 即可。

（3）常见问题分析。

① 当 if 条件成立时需要执行多条语句，那么这多条语句应以复合语句的形式出现，即用大括号将多条语句括起来。若没有写成复合语句形式，当 if 条件成立时，C 编译器只会执行多条语句中的第一条语句，其余语句不再判断条件顺序执行。

错误写法：

```
if(grade < 60)
    printf("Failed!\n");
```

选择结构程序设计

```
        printf("You must take this course again!\n");
```

正确写法：

```
if(grade<60)
{
    printf("Failed!\n");
    printf("You must take this course again!\n");
}
```

分析：采用错误写法时，当变量 grade<60 时，屏幕上输出

```
Failed!
You must take this course again!
```

当变量 grade≥60 时，屏幕上输出

```
You must take this course again!
```

采用正确写法时，当变量 grade≥60 时，if 中的两条 printf 语句没有执行，因此屏幕上无输出内容。

② 由于没有采用复合语句，造成 else 和 if 的不匹配问题。

错误写法：

```
if(grade<60)
    printf("Failed!\n");
    printf("You must take this course again!\n");
else
    printf("Passed!\n");
```

正确写法：

```
if(grade<60)
{
    printf("Failed!\n");
    printf("You must take this course again!\n");
}
else
    printf("Passed!\n");
```

分析：错误写法中，编译程序后 VC++ 编译器给出错误提示"else 找不到匹配的 if"。原因是 else 的上一条语句是 printf 语句，而不是 if 语句。

4. 设计型实验(4)

(1) 设计分析。

题目为典型的多分支选择结构。因为菜单项为简单的数字列举形式，所以此题适合采用 switch 语句编程。

(2) 操作指导。

① 题目根据从键盘输入菜单项编号的不同，对学生成绩的处理方式也不同。因此 4 个 case 分支语句分别计算总成绩、平均成绩、最高分和最低分。

② 其中最高分和最低分的计算方法参见教材例 4-4。

（3）常见问题分析。

① switch 语句每个 case 分支若由多条语句组成可以不加大括号。

② 本题不能缺少 break 语句。

错误写法：

```
switch(x)
{
    case 1:sum = a + b + c;printf("总成绩是：%d\n",sum);
    case 2:average = (a + b + c)/3.0;printf("平均成绩是：%f\n",average);
    default:printf("输入有误!\n");
}
```

正确写法：

```
switch(x)
{
    case 1: sum = a + b + c;printf("总成绩是：%d\n",sum);break;
    case 2: average = (a + b + c)/3.0;printf("平均成绩是：%f\n",average); break;
    default:printf("输入有误!\n");
}
```

分析：采用错误写法，当输入菜单项"1"时，屏幕上输出总成绩、平均成绩和"输入有误!"；当输入菜单项"2"时，屏幕上输出平均成绩和"输入有误!"。产生上述错误的原因是没有使用 break 语句，在计算完总成绩或计算完平均成绩后退出 switch 语句。

5．提高型实验

（1）设计分析。

题目为双分支选择结构和多分支选择结构的结合体。判断性别使用 if-else 语句，不同性别的 BMI 区间值的判断既可以使用 if 语句的嵌套形式也可以使用 switch 语句。本题中因为 BMI 指数是一个区间值，因此更适合采用 if 语句的嵌套形式编程。

（2）操作指导。

题目中性别是一个字符类型变量，BMI＝体重(kg)/身高(m)^2。根据性别确定 BMI 指数在哪些区间值中判断，核心程序如下所示。

```
char sex;
float weight,height,bmi;
scanf("%c%f%f",&sex,&weight,&height);
bmi = weight/height/height;
if(sex == 'F')
    if(bmi < 19)
        printf("过轻!\n");
    else
        if(bmi < 24)
            printf("适中!\n");
        else
            if(bmi < 29)
                printf("过重!\n");
            else
                if(bmi < 34)
```

```
                        printf("肥胖!\n")
                    else
                        printf("非常肥胖!\n");
        else
            if(bmi<20)
                printf("过轻!\n");
            else
                if(bmi<25)
                    printf("适中!\n");
                else
                    if(bmi<30)
                        printf("过重!\n");
                    else
                        if(bmi<35)
                            printf("肥胖!\n");
                        else
                            printf("非常肥胖!\n");
```

四、实验思考题

switch 语句和 if-else 的多层嵌套语句均能实现多分支选择结构,什么情况下适合使用 switch 语句? 什么情况下又适合使用 if-else 语句的嵌套形式呢?

一、实验目的

(1) 熟练掌握三种循环语句的应用。

(2) 熟练掌握循环结构的嵌套。

(3) 掌握 break 和 continue 语句的使用。

二、实验内容及要求

1. 基础型实验

(1) 以下程序的功能是：按顺序读入 10 名学生 4 门课程的成绩，计算出每位学生的平均分并输出，程序如下。

```
# include < stdio. h>
void main()
{   int n,k;
    float score,sum,ave;
    sum = 0.0;
    for(n = 1;n < = 10;n++)
      {
        for(k = 1;k < = 4;k++)
          {
            scanf(" % f",&score);
            sum += score;
          }
        ave = sum/4.0;
        printf("NO % d   % f\n",n,ave);
      }
}
```

上述程序运行后结果不正确，调试中发现有一条语句出现在程序中的位置不正确，试分析是哪条语句，应该放在什么位置？

(2) 以下程序：

```
# include < stdio. h>
void main()
{   int i = 1;
    while(i < 10){
        if(i < 1)
            continue;
```

```
        if(i == 5)
            break;
        i++;
    }
}
```

理解 break 和 continue 的用法和区别,分析 while 循环共执行几次。

(3) 在教材例 5-1 基础上模仿计算 S=1×2×3×…×10,即求 10!,并输出。

(4) 在教材例 5-7 基础上模仿计算某正整数中各位数字之积。

2. 设计型实验

(1) 从键盘任意输入 n 个数(以 0 结束),统计正负数的个数,并分别计算所有正数和负数的平均值。

(2) 输出所有的水仙花数,要求用两种算法实现。

(3) 计算并输出给定整数 n 的所有因子之和(不包括 1 与自身)。注意:n 的值不大于 1000。例如:n 的值为 855 时,应输出 704。

(4) 输出 100 以内所有的同构数。所谓"同构数"是指这样的整数,这个数出现在它的平方数的右边。例如:输入整数 5,5 的平方数是 25,5 是 25 中右侧的数,所以 5 是同构数。

3. 提高型实验

计算公式 e=1+1/1!+1/2!+1/3!+…+1/n!,n 的值从键盘输入。

三、实验指导

1. 设计型实验(1)

(1) 设计分析。

① 确定循环语句。从键盘任意输入 n 个数 m,直到输入数字 0 循环结束。因此循环次数未知,使用 while 或 do-while 语句更合适。循环条件为 m!=0。

② 判断正负数。使用双分支选择语句 if 语句,判断条件 m>0,成立则是正数,对正数计数并累加求和,否则是负数,对负数计数并累加求和。

(2) 操作指导。

首先从键盘输入一个数,使用 while 循环语句判断循环条件如果成立,只要输入的数 m 不为 0,则判断正负数,分别进行计数并累加,循环条件不满足时跳出循环,分别计算正负数的平均值。num1 和 num2 用于正负数的计数,sum1 和 sum2 用于累加正负数,ave1 和 ave2 用于求正负数的平均值。循环体语句的写法为:

```
{
    if(m > 0)
    {
        num1++;
        sum1 += m;
    }
    else
    {
        num2++;
        sum2 += m;
```

```
        }
    scanf(" % d",&m);
}
```

需要注意：在进入循环之前需要从键盘上输入一个数 m，然后判断循环条件，条件成立进行计数并求和。跳出循环前还需要从键盘输入一个数 m，为下一次循环条件判断做准备。

（3）常见问题分析。

① 用于求和和求平均值的变量应定义为 float 实型，否则，在求平均值时，例如 sum1/num1 会相除取整，影响所求数据的精度。

② while 语句的循环体中包含两条语句，因此必须用大括号括起来组成复合语句。if 语句同理。

2. 设计型实验（2）

（1）设计分析。

所谓水仙花数是指一个三位正整数，其每位数字的立方和恰好等于这个正整数本身。例如：$153 = 1^3 + 5^3 + 3^3$。

① 确定循环语句。用 i,j,k 分别表示三位数的百位、十位和个位，那么由 i,j,k 组成的三位数为 $i \times 100 + j \times 10 + k$，共有 $9 \times 10 \times 10$ 个数。因此该题目应该使用三重循环，由外到内循环变量依次为 i,j,k，循环次数已知，使用 for 语句更合适。

② 判断是否是水仙花数。使用单分支选择语句 if 语句，判断条件（$i \times i \times i + j \times j \times j + k \times k \times k$）与三位数 $i \times 100 + j \times 10 + k$ 是否相等，成立则是水仙花数，输出。

（2）操作指导。

题目在三重循环中依次查找符合条件的三位数时，在循环体中进行 if 条件判断，循环控制变量 i 的取值从 1～9，j 和 k 的取值从 0～9。三重循环的写法为：

```
for(i = 1;i <= 9;i++)
        for(j = 0;j <= 9;j++)
        for(k = 0;k <= 9;k++)
            if(i * 100 + j * 10 + k == i * i * i + j * j * j + k * k * k)
                printf(" % d    ",i * 100 + j * 10 + k);
```

需要注意三重循环的结构，i 是外循环的循环变量，j 是中循环的循环变量，k 是内循环的循环变量，if 语句是内循环的循环体语句，而内循环又是中循环的循环体语句，同理中循环又是外循环的循环体语句，因此，三个 for 语句后面均不能加";"。

（3）常见问题分析。

① if 条件判断（$i * i * i + j * j * j + k * k * k$）与三位数 $i * 100 + j * 10 + k$ 是否相等。" = "是赋值运算符，而" == "是关系运算符，用于判断两个数据是否相等。

错误写法：

$i * 100 + j * 10 + k = i * i * i + j * j * j + k * k * k$

正确写法：

$i * 100 + j * 10 + k == i * i * i + j * j * j + k * k * k$

分析：使用" = "，C 编译器会报错，它认为是将表达式 $i * 100 + j * 10 + k$ 赋值给表达式

循环结构程序设计

i*i*i+j*j*j+k*k*k,赋值运算符"="左侧必须为变量,不能为表达式。

② 本题目使用单分支 if 语句,判断是水仙花数就输出该数,不是则不做任何处理,进入下一次循环。

说明:本题也可以使用 while 或 do-while 循环语句实现,此处不再赘述。

3. 设计型实验(3)

(1) 设计分析。

计算整数 n 的所有因子(不包括 1 与自身),举个简单例子:整数 6,在 2～5 之间只能被 2 和 3 整除,因此 2 和 3 就是 6 的因子。2 和 3 的求法是用 6 依次除以 2,3,4,5,如果能整除,就是因子,否则不是。

① 确定循环语句。循环变量 i 应该从 2 开始,到 n−1 结束,因此循环次数已知,选用 for 语句。

② 判断是否是因子。如果 n%i 取余为 0,说明 n 能被 i 整除,是因子。

③ 因子和累加。判断是因子,应该对当前的 i 值进行累加。

(2) 操作指导。

题目要求从键盘输入一个整数,且不大于 1000,用 n 除以 i(i 的取值为 2～n−1),能整除,将 i 值累加,最后输出累加结果。

(3) 常见问题分析。

① 存放因子累加结果的变量 sum,应该在进入循环之前赋值为 0,否则变量 sum 只定义不赋值,这时初值为随机数,不能得到最终的结果。

正确写法:

```
int sum = 0;
```

或

```
int sum;
sum = 0;
```

② 每找到一个因子进行累加求和,在找到所有因子后再输出 sum 的值,因此 printf 语句应该写在循环之外。如果写在循环体中,将会每找到一个因子就输出一次 sum 的值。

③ 判断条件 n%i 取余是否为 0,应该用关系运算符"==",不能混用赋值运算符"="。

4. 设计型实验(4)

(1) 设计分析。

所谓"同构数"是指这样的整数,这个数出现在它的平方数的右边。100 以内这样的同构数分为两种情况:如果这个整数<10,如整数 5,5 的平方数是 25,5 是 25 中右侧的数,所以 5 是同构数;如果 10 <= 这个整数 <= 100,如 25,25 的平方数是 625,25 是 625 中右侧的数,所以 25 是同构数。

① 确定循环语句。用 i 表示这个数,因为输出 100 以内的同构数,因此 i 从 1 开始,100 结束,循环次数已知,使用 for 语句更合适。

② 判断是否是同构数。使用单分支选择语句 if 语句,这个整数<10 和>= 10 两种情况下判断条件成立则是同构数,输出。

（2）操作指导。

题目在循环中依次查找符合条件的同构数时，在循环体中进行 if 条件判断，循环控制变量 i 的取值为 1~100，循环体语句写法如下：

```
{
    a = i * i;
        if(a % 10 == i || a % 100 == i)
            printf("%d  ",i);
}
```

需要注意循环体中包含两条语句，因此必须用大括号括起来组成复合语句。循环体的语句写法简洁，直接用"||"表示<10 和>=10 两种情况下是否是同构数的条件判断。也可以这样写：

```
{
    a = i * i;
    if(i < 10)
        if(a % 10 == i)
            printf("%d  ",i);
    if(i >= 10)
        if(a % 100 == i)
            printf("%d  ",i);
}
```

读者可以比较这两种写法的不同。这样的写法是按照前面描述的方式，将<10 和>=10 两种情况分开来讨论，这里用了两个单分支 if 语句，并且每一个单分支 if 语句中又嵌套一个单分支 if 语句，结构比较复杂。

（3）常见问题分析。

① if 条件判断 if(a%10 == i||a%100 == i)的写法，首先判断 a%10 与 i 是否相等，应该用" == "，不能用" = "。其次，a%10 == i 与 a%100 == i 两个条件只要有一个条件成立即为同构数，因此两个条件用"||"连接，不能用"&&"，注意区分这两种逻辑运算符。

② 本题目使用单分支 if 语句，判断是同构数就输出该数，不是则不做任何处理，进入下一次循环。

5. 提高型实验

（1）设计分析。

公式 e=1+1/1!+1/2!+1/3!+…+1/n! 的计算中包含两部分：每一项中求阶乘的倒数，对每一项做累加求和。每一项的求法借鉴基础型实验 1。这道题需要用嵌套循环完成，外循环用于控制每一项的累加求和，内循环用于求每一项中阶乘的倒数。由于计算项数已知，n 从键盘输入，所以外循环和内循环的循环次数已知，使用 for 语句更合适。

① 每一项求和。设外循环变量为 i，i 从 1 开始，到 n 结束，n 的值从键盘输入。由于公式中共有 n+1 项，所以 sum 累加在进入外循环之前赋值为 1。

② 求阶乘的倒数。设内循环变量为 j，j 从 1 开始，到第 i 项结束。进入内循环之前，应该设置计算阶乘变量 item 赋值为 1。内循环的循环体就是计算阶乘"item = item * j;"内循环执行结束后，还应该计算阶乘的倒数，并进行 sum 累加。

（2）操作指导。

题目在定义相关变量后，使用嵌套循环 for 语句实现。

（3）常见问题分析。

① 需要注意外循环的循环语句，应该包含三条语句：item 赋值为 1，内循环语句，sum 累加阶乘的倒数。因此必须用大括号括起来组成复合语句。

② 进入外循环之前应该对 sum 累加赋值，由于公式中共有 n+1 项，因此"sum=1;"。

③ item 赋值为 1 的语句"item=1;"必须写在内循环之前，但又不能在定义该变量时赋初值，必须写在外循环的循环体中。目的在于，每计算一项时都需要重新给 item 赋值为 1，重新计算阶乘，否则会沿用上一次循环结束后 item 的结果。

四、实验思考题

（1）教材中应用实例，利用辗转相除法可以求两个正整数的最大公约数，试问两个正整数的最小公倍数如何求取？

（2）计算公式 $e=1+1/1!+1/2!+1/3!+\cdots+1/n!$，如果 n 的值不是从键盘输入，当 $1/n!<0.000\,001$ 时求 e，程序应如何改写？

数　　组

一、实验目的

(1) 掌握一维数组和二维数组的定义。

(2) 掌握一维数组和二维数组的引用方法。

(3) 掌握一维数组和二维数组的输入、输出方法。

(4) 掌握字符数组和字符串常用函数的使用方法。

(5) 掌握与数组有关的算法(例如排序、查找、插入、删除等)。

(6) 学习程序调试方法。

二、实验内容及要求

1. 基础型实验

(1) 改正下面程序中的错误,使其得到正确的运行结果,并在程序指定位置设置断点,观察程序中变量值的变化。

程序功能:从键盘输入一个正整数 n(n < 10)和 n 个从小到大的整数存放于数组中,然后输入整数 x,并把 x 插入到数组中,使数组元素仍然按原来顺序排序。

```c
#include < stdio.h >
void main()
{
    int i,j,n,x,a[n];
    printf("输入正整数 n: \n");
    scanf(" % d",&n);
    printf("输入 % d 个有序整数\n",n);
    for(i = 0;i < n;i++)
        scanf(" % d",&a[i]);
    printf("输入要插入的整数 x: \n");
    scanf(" % d",&x);
    for(i = 0;i < n;i++)
    {
        if(x > a[i])
            continue;
        j = n - 1;
        while(j > = i)                    / * 设置断点 * /
        {
            a[j] = a[j + 1];
            j++;
        }                                  / * 设置断点 * /
```

```
        a[i] = x;
        break;
    }
    if(i == n)
        a[n] = x;
    printf("插入 x 后的有序数: \n");
    for(i = 0;i <= n;i++)
        printf(" %3d",a[i]);
    printf("\n");
}
```

分析：编辑源程序，第一次编译后共有 1 error(s)和 0 warning(s)，双击第一个错误，错误显示箭头指向程序的第 4 行（如图 5-1 所示）。

图 5-1　错误信息及位置指示

错误信息为：error C2057：expected constant expression，提示数组大小应该是一个常量，把数组中的 n 改为 10。再次编译后有 0 error(s)和 0 warning(s)，连接后运行程序，输入 7 和 1 2 3 5 7 8 9 以及 6 后，运行窗口中没有输出结果，说明程序有错误，而且极有可能是出现死循环。此时可以通过设置断点来调试程序，把光标停在要设置断点的行，然后单击工具栏中的 图标完成断点设置，详见附录 B，断点位置见程序注释。执行调试菜单中的 GO 命令，输入 7 和 1 2 3 5 7 8 9 以及 6 后，程序运行到第一个断点处，在窗口中查看变量 x 和数组 a 的赋值情况，显示都正确（如图 5-2 所示）。这时 x < a[4]，所以要把 a[4]及其后面的数据顺序后移，然后把 x 的值 6 赋值给 a[4]。

继续执行调试菜单中的 GO 命令，程序运行到第二个断点处，此时发现 a[6]和 a[7]的值均为负数（如图 5-3 所示），显然错误，判断 while 循环中的两个语句错误。通过分析，要把数据后移，应该是把 a[j]的值赋值给其后面的元素 a[j+1]，即 a[j+1] = a[j]，赋值后 j 应减 1，即 j--。

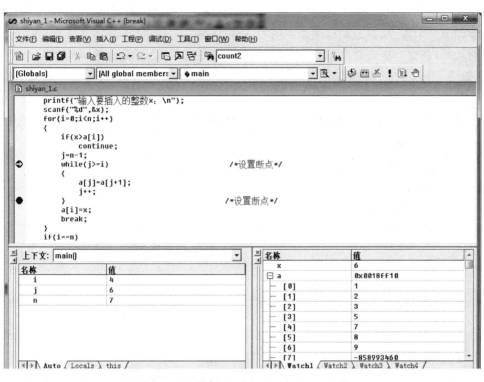

图 5-2　设置断点查看变量 x 和数组 a 的值

图 5-3　错误信息

167

实
验
5

数　　组

执行调试菜单中的 Stop Debugging 命令停止调试，然后修改程序，重新进行编译和连接。删除第一个断点，执行调试菜单中的 GO 命令，输入 7 和 1 2 3 5 7 8 9 以及 6 后，程序运行到断点处，在窗口中查看变量 x 和数组 a 的赋值情况，已经正确地把 a[6] 的值 9 赋值给 a[7]（如图 5-4 所示）。继续执行调试菜单中的 GO 命令，可以看到，每循环一次，就向后移动一个数据。

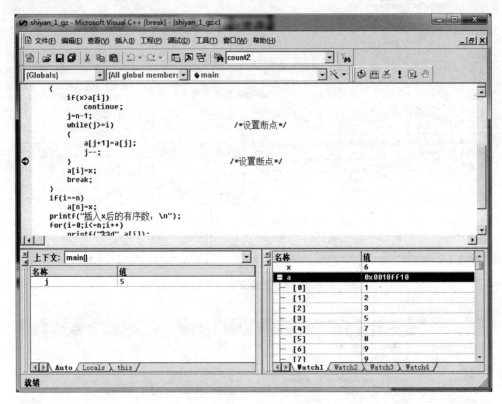

图 5-4　正确向后移动数据

程序调试正确后，执行调试菜单中的 Stop Debugging 命令停止调试。

（2）运行下列程序，分析程序运行结果，了解随机数的产生，掌握排序算法。

```c
# include < stdlib. h>
# include < stdio. h>
# include < math. h>
void main( )
{
    int i,j,k,t;
    int a[10];
    for(i = 0;i < 10;i++)
        a[ i] = rand( );
    printf("the original data:\n");
    for(i = 0;i < 10;i++)
        printf(" % d  ",a[ i]);
    printf("\n");
    for(i = 0;i < 9;i++)
```

```
        {
            k = i;
            for(j = i + 1;j < 10;j++)
                if(a[j]< a[k]) k = j;
            if(k!= i)
            {
                t = a[k];
                a[k] = a[i];
                a[i] = t;
            }
        }
        printf("the sorted data:\n");
        for(i = 0;i < 10;i++)
          printf(" % d   ",a[i]);
        printf("\n");
}
```

（3）运行下列程序，分析程序运行结果，并写出程序的功能。

```
# include < stdio. h >
void main()
{
    char str[80],ch;
    int i,k = 0;
    printf("please inter a string:\n");
    gets(str);
    printf("please inter delete character:\n");
    ch = getchar();
    for(i = 0;str[i]!= '\0';i++)
      if(str[i]!= ch)
      {
            str[k] = str[i];
            k++;
      }
    str[k] = '\0';
    puts(str);
}
```

2. 设计型实验

（1）求出一组数据的最小值及最小值在这组数据中的位置。

（2）从 10 名学生的成绩中统计出高于平均分的学生人数。

（3）找出百位数字加十位数字等于个位数字的所有三位整数，把这些整数放在一个一维数组中，然后输出，并统计满足条件数据的个数。

（4）求出大于 M 且紧靠 M 的 N 个素数并存入数组中，然后输出，M 和 N 的值从键盘输入。

（5）给 N×N 的二维数组赋初值后，使数组左下半三角元素中的值都加上 n 后输出。

（6）编写程序，将字符串 s1 拷贝到字符串 s2 中，不要用 strcpy 函数。

（7）逐个比较 a、b 两个字符串对应位置中的字符，把 ASCII 值小或相等的字符依次存放到 c 数组中,形成一个新的字符串。

3. 提高型实验

(1) 给一维数组 a 输入任意 4 个整数,并按如下的规律输出。例如输入 1,3,8,5,程序运行后输出以下方阵:

```
5 1 3 8
8 5 1 3
3 8 5 1
1 3 8 5
```

(2) 计算 N×N 维矩阵元素的方差 $S = \sqrt{\dfrac{1}{n}\sum_{k=1}^{n}(X_K - X')^2}$,其中 $X' = \dfrac{1}{n}\sum_{k=1}^{n}X_k$。

(3) 编写程序统计一个字符串在另一个字符串中出现的次数。如字符串 asd 在字符串 asdascdasdfgasasdmlosd 中出现三次,所以输出结果为 3。

三、实验指导

1. 设计型实验(4)

(1) 设计分析。

首先是要掌握判断一个数是否为素数的方法,然后再用循环语句,从 M+1 开始,按顺序一个数接一个数判断,把是素数的数依次存放到一维数组中,直到求出的素数为 N 个就结束循环。

(2) 操作指导。

① 从键盘输入 M 和 N 的值。

② 设所求素数个数的初始值 num=0。

③ 利用循环从 M+1 开始逐个判断,并把所求素数依次赋值给数组元素。由于循环次数未知,所以循环条件可设置为真,当求出 N 个素数时用 break 结束循环。

主要代码如下:

```
for(i = M + 1; ;i++)
{
    for(j = 2;j <= sqrt(i);j++)
        if(i % j == 0)
            break;
    if(j > sqrt(i))
    {
        a[k++] = i;
        num++;
    }
    if(num == N)
        break;
}
```

2. 提高型实验(1)

(1)设计分析。

该题中要理解矩阵中每一行数据的变化规律,第一行是 a 数组中的元素循环右移一次,第二行是 a 数组中的元素循环右移两次，以此类推，第 i 行是 a 数组中的元素循环右移 i 次。

(2) 操作指导。

① 输入 4 个数分别赋值给 a 数组的 4 个元素。

② 用双重循环求出二维数组 b 中各个元素值。此时要注意 b 数组的行标、列标与 a 数组的下标之间的关系，b 数组中右上角元素(行标小于列标)满足 $b[i][j]=a[j-i-1]$，左下角元素(行标大于或等于列标)满足 $b[i][j]=a[3+j-i]$($3+j-i=j-i-1+4$)。

主要代码如下：

```
for(i = 0;i < 4;i++)
{
    for(j = 0;j < 4;j++)
    {
        if(i < j)
            b[i][j] = a[j - i - 1];
        else
            b[i][j] = a[3 + j - i];
    }
}
```

3. 提高型实验（2）

(1) 设计分析。

先求出 X'，即矩阵中各个元素的平均值，然后计算矩阵中各个元素与 X' 的差得平方和的平均值，最后求出其平方根即为所求。

(2) 操作指导。

① 计算 X'，代码如下：

```
for(i = 0;i < N;i++)
    for(j = 0;j < N;j++)
        s = s + a[i][j];
x1 = s/(N * N);
```

② 计算方差的代码如下：

```
for(i = 0;i < N;i++)
    for(j = 0;j < N;j++)
        sum = sum + (a[i][j] - x1) * (a[i][j] - x1);
x2 = sum/(N * N);
s = sqrt(x2);
```

4. 提高型实验（3）

(1) 设计分析。

输入两个字符串，较长的字符串存放在 a 数组中，较短字符串存放在 b 数组中。然后依次从 a 数组中取出与 b 数组中字符串长度相等的字符串存放在 c 数组中，并比较 b、c 两个字符串，如果相等，则计数增加 1。

(2) 操作指导。

主要代码如下：

数　组

```
for(i = 0;a[i]!= '\0';i++)
{
    for(j = 0;j < len;j++)
        c[j] = a[i + j];
    c[j] = '\0';
    if(strcmp(b,c) == 0)
        num++;
}
```

四、实验思考题

(1) 用 while 循环实现设计型实验第 4 题,并与 for 循环进行比较,哪个更方便?

(2) 如果将提高型实验第 1 题的数字改成字符,程序应如何设计?

(3) 提高型实验第 3 题中只定义数组 a 和数组 b,能否实现?

实验 6　　　函　　数

一、实验目的

（1）熟练掌握用户自定义函数的定义、函数声明及函数的调用方法。

（2）掌握函数实参与形参的对应关系以及值传递的方式。

（3）掌握函数的嵌套调用和递归调用的方法，会用函数解决简单的问题。

（4）理解使用数组名作为函数参数时的地址传递方式，会使用数组名作为函数参数进行函数定义和调用，掌握全局变量、局部变量的概念和使用方法。

（5）理解局部静态变量的概念和使用方法。

二、实验内容

1. 基础型实验

（1）编辑下列程序，运行程序分析其结果，并写出 fun 函数的功能。

```c
# include < stdio.h >
# include < math.h >
float fun()
{
    float f1 = 1,f2 = 1,f3;
    float r1 = 2,r2;
    do
    {
        r2 = r1;
        r1 = f1/f2;
        f3 = f1 + f2;
        f1 = f2;
        f2 = f3;
    }while(fabs(r1 - r2)> 1e - 4);
    return r1;
}
void main()
{
  printf("y = % f\n",fun());
}
```

（2）编辑下列程序，运行程序并分析其结果，并写出 fun 函数的功能。

```c
# include < stdio.h >
void fun(char s[],char c)
```

```
{
    int i,k = 0;
    for(i = 0;s[i]!= '\0';i++)
        if(s[i]!= c)
                s[k++] = s[i];
    s[k] = '\0';
}
void main()
{
    static char str[ ] = "turbo c and borland c++";
    char c = 'a';
    fun(str,c);
    printf("str = % s\n",str);
}
```

（3）编辑下列程序，运行程序分析其结果，并写出 fun 函数的功能。

```
# include < stdio. h>
int fun( int n)
{
    int d,s = 0;
    while (n > 0)
    {
        d = n % 10;
        s += d * d * d;
        n/ = 10;
    }
    return s;
}
void main()
{
    int k,m;
    scanf(" % d",&m);
    k = fun(m);
    printf("k = % d\n",k);
}
```

（4）以下 sum 函数的功能是计算下列级数之和。

$$S = 1 + x + x^2/2! + x^3/3! + \cdots + x^n/n!$$

请补充完整程序，并编写 main 函数调用 sum 函数计算当 x＝1.5，n＝20(x 和 n 可从键盘输入)时 S 的值。

```
double  sum( double  x, int  n )
{
    int i;   double  a,b,s;
        【1】                              / * 给函数中的各变量正确赋初值 * /
    for(i = 1;i <= n;i++)
    { a = a * x;   b = b * i;   s = s + a/b; }
    return  s;
}
```

（5）函数 float fun(int n)的功能是：根据以下公式计算 S，计算结果通过返回值返回；n通过形参传入，n 的值大于等于 0。请填空，并编写 main 函数调用 fun 函数计算当 n＝20（n可从键盘输入）时 S 的值。

$$S = 1 - \frac{1}{3} + \frac{1}{5} - \frac{1}{7} + \cdots + \frac{1}{2n+1}$$

```
float   fun(int n)
{
    float   s = 0.0, w, f =- 1.0;
    int i = 0;
    for(i = 0; i <= n; i++)
    {
        f = 【1】   * f;
        w = f/(2 * i + 1);
        s += w;
    }
     【2】   ;
}
```

2．设计型实验

（1）写一个函数，求两整数的平方和，用 main 函数调用这个函数并输出结果，两个整数由键盘输入。

（2）请编写一个函数 fun，它的功能是：求出 1～m 之内（包含 m）能被 7 或 13 整除的整数个数，并返回。

例如，若 m 的值为 50，则程序输出：10。

（3）请编写函数 fun，函数的功能是：统计各年龄段的人数。n 个年龄通过键盘输入，并放在 main 函数的 age 数组中；要求函数把 0～9 岁年龄段的人数放在 d[0]中，把 10～19 岁年龄段的人数放在 d[1]中，把 20～29 岁年龄段的人数放在 d[2]中，其余以此类推，把 100岁（含 100）以上年龄的人数都放在 d[10]中。结果在 main 函数中输出。

（4）输入精度 y，用下列公式求 cos(x)的近似值，精确到最后一项的绝对值小于 y，要求定义和调用函数 func(x,y)求 cos(x)的近似值。

$$\cos(x) = 1 - \frac{x^2}{2!} + \frac{x^4}{4!} - \frac{x^6}{6!} + \cdots$$

（5）输入两个正整数 m 和 n，编写函数 int fun(int m,int n)统计 m 和 n 之间的素数的个数以及这些素数的和。

3．提高型实验

定义一个包含 10 个整数的一维数组并初始化，要求初始化的数据递增有序，输入一个整数，用二分法在数组中找出该数，若存在，在 main 函数中输出其所在的位置，否则，输出查找失败的信息。提示：参考第 7 章习题解答的程序填空题 2。

三、实验指导

1．设计型实验（3）

（1）设计分析。

题目中要求统计各年龄段的人数。设计 fun 函数的原型为：void fun(int age[],int n,

int d[11]),其中数组 age 保存年龄,它的元素个数为 n;数组 d 保存各年龄段的人数,个数固定为 11 个。

(2) 操作指导。

① fun 函数的功能是根据 age 数组的内容计算各年龄段的人数并保存到数组 d 中,其主要代码如下:

```
for(i = 0;i < n;i++)
{
    x = age[i]/10;                    /* 代表不同的年龄段 */
    if(x > 10)   x = 10;
    d[x]++;                           /* 相应的数组元素加 1 */
}
```

② 在 main 函数中需定义两个数组 age 和 d,分别保存年龄和各年龄段的人数,其中 age 数组的内容由键盘输入,d 数组中所有数组元素的初值为 0,调用 fun 函数得到 d 数组的值并输出。

(3) 常见问题分析。

① 使用数组名作为函数参数,函数调用时应只写数组名如:fun(age,n,d);,而不能写成:

```
fun(int age[ ],int n,int d[11]);
```

② 函数定义不允许嵌套,本实验定义两个函数:main 函数和 fun 函数,它们的定义应严格分开。

③ 在函数内部定义的变量为局部变量,它的作用域只局限于定义它的函数内部。在 fun 函数中定义的变量不能在 main 函数中使用。

④ 使用数组名作为函数参数,在主调函数中需定义实参数组,在被调用函数的形参中可以是数组名或指针。

2. 设计型实验(4)

(1) 设计分析。

题目是求累加和,函数的两个参数和返回值类型均为 double 类型,由此设计 func 函数的原型为:double func(double x,double y)。该累加和的项数事先不能确定,这种情况通常用 while 循环实现。

(2) 操作指导。

定义 sum 存储累加和,初值为 0;item 存储公式中的每一项,初值为 1;flag 存储每一项的符号,初值也为 1;i 存储偶数,初值为 0,以后每次递增 2。

主要代码如下:

```
while(item >= y)
{
    sum += flag * item;
    flag = - flag;
    i = i + 2;
    item = item * x * x/(i * (i-1));
}
```

（3）常见问题分析。

① return 语句返回值的类型最好与函数类型保持一致，否则有可能造成精度损失和数据溢出。

② while 语句的条件 item >= y，而不能写成 item < y，否则将导致循环一次也不执行。

③ 在 main 函数中的函数调用语句可写为：

s = func(x, y);   / * s 在 main 函数中定义为 double 类型 * /

在函数调用前，x 和 y 必须已有确定的值。

四、实验思考题

（1）在设计型实验（4）中若要求累积和的项数为 n，则程序应如何修改？

（2）在提高型实验中，查找方法为二分法，这种方法的查找效率与顺序查找相比如何？顺序查找应如何编写程序？

指　针

一、实验目的

(1) 掌握指针的概念,熟练掌握指针变量的定义和使用。
(2) 掌握使用指针变量访问数组元素的方法。
(3) 掌握指针作为函数参数的方法。
(4) 正确使用字符指针和指向字符串的指针变量。
(5) 掌握指针数组的使用方法。

二、实验内容及要求

1. 基础型实验

(1) 编辑下列程序,分析运行结果,理解指针数组的使用方法。

```c
# include < stdio. h >
void main( )
{
    char * p[ ] = {"Book","EXIT","M","Win"};
    int i;
    for( i = 3;i > = 0;i -- ,i -- )
        printf(" % c", * p[ i]);
    printf("\n");
}
```

(2) 下列程序用来计算一个英文句子最长的单词的长度 max,假设句子中只有字母和空格,单词之间以空格分隔,句子以"."结束,请填空。

```c
# include < stdio. h >
void main( )
{
    char  * p,a[ ] = "This is a program.";
    int max = 0, num = 0;
    for( p = a; * p! = '.';p++)
    {
        while( * p > = 'A'&& * p < = 'Z'|| * p > = 'a'&& * p < = 'z')
        {
            【1】  ;
            【2】  ;
        }
        if( num > max)
```

```
                    max = num;
            【3】    ;
        }
        printf("max = % d\n",max);
    }
```

（3）编写一个函数 void fun（int a，int b，long * c），它的功能是将两个两位数的正整数 a、b 合并形成一个整数放在 c 中。合并的方式是：将 a 数的十位和个位数依次放在 c 数的千位和十位上，b 数的十位和个位数依次放在 c 数的个位和百位上。

例如：当 a＝45，b＝12，调用该函数后，c＝4251。

```
# include < stdio. h >
void fun( int a, int b, long * c)
{
}
void main()
{
    int a,b;
    long c;
    printf("Input a, b:\n");
    scanf(" % d % d", &a, &b);
    fun(a, b, &c);
    printf("c = % ld\n", c);
}
```

2. 设计型实验

（1）用指针方法编写函数实现两个数据的交换。在 main 函数中输入任意三个整数，调用函数实现对这三个数据从大到小排序。

（2）编写一个字符串连接函数，将字符数组 s2 中的全部字符（包括'\0'）连接到字符数组 s1 的后面，不要使用 strcat 函数。

3. 提高型实验

使用指针和最少的辅助存储单元，将数组中从指定下标位置 m 开始的 n 个元素逆序放在原来的数组中。

例如，原始的数组元素为：

```
1 2 3 4 5 6 7 8 9
```

若对从下标为 3 的数组元素开始的后续 5 个元素进行逆序处理，得到的新数组元素为：

```
1 2 3 8 7 6 5 4 9
```

要求：数组元素的值在 main 函数中输入，并通过调用函数来实现题目要求。

三、实 验 指 导

1. 设计型实验（1）

（1）设计分析。

可以根据例题 8-8 仿写程序。将三个数据从大到小排序的方法是：先比较前两个数的大小，如果第一个数小于第二个数，需要将这两个数交换，则第一个数是前两个数中的大者。

再让第一个数与第三个数比较,如果第一个数小于第三个数,就将两者交换,这样交换数据后,第一个数就是三个数中的最大者。以此类推比较后两个数,因多次将两个数交换,因此适合将交换两个数的算法单独写成一个函数 swap,当需要交换两个数时,通过参数传递进行函数调用。因为形参的改变需要影响到实参,因此宜采用地址传递的方式——函数的实参用变量的地址,形参用指针实现。

(2) 操作指导。

① 在 main 函数中任意输入三个数。

② 将这三个数通过 if 语句两两比较,如果满足条件就调用 swap 函数。

③ 输出排好序的三个数。

主要代码如下:

```
if(a < b)    swap(&a,&b);
if(a < c)    swap(&a,&c);
if(b < c)    swap(&b,&c);
```

2. 设计型实验(2)

(1) 设计分析。

根据例题 8-10 仿写程序。如果要连接两个字符串,首先找到第一个字符串的尾部,然后将第二个字符串中的字符逐一地连接到其后,最后在连接好的第一个字符串的最后人为地加上一个字符串结束标志'\0'。因为要将连接后的字符串放到 s1 中,即 s1 的内容发生了改变,应该使用地址传递实现函数调用。

(2) 操作指导。

① 在 main 函数中任意输入两个字符串 s1 和 s2。

② 编写字符串连接函数。

- 用循环的方式通过指针自增找到第一个字符串 s1 的尾部。
- 将第二个字符串 s2 中的字符通过循环(循环的终止条件是 * s2!= '\0')逐一连接到第一个字符串 s1 的尾部。
- 在字符串 s1 的尾部人为加上一个字符串结束标志'\0'。

③ 在 main 函数中将连接好的字符串 s1 输出。

主要代码如下:

```
while( * s1!= 0)s1++;           /* 找到字符串 s1 的末尾字符 */
while( * s2!= '\0')
{
    * s1 = * s2;                /* 将 s2 所指的字符赋值给 s1 所指的存储单元 */
    s1++;
    s2++;
}
```

3. 提高型实验

(1) 设计分析。

因为要使用最少的辅助存储单元,因此先设一个辅助变量,利用它先将下标为 m 的元素与下标为 m+n−1 的元素交换;再将数组下标为 m+1 的元素与下标为 m+n−1−1 的元素交换；以此类推，到第 i 步(i ≤ n/2)，即将数组下标为 m+i 的元素与下标为 m+n−1−i 的元素交换，直到首尾元素交换的次数大于等于须交换的数据个数的一半为止(即 i ≥ n/2)。因为多次需要交换两个数，因此可以单独编写一个 swap 函数实现两个数的交换。

(2) 操作指导。

① 用符号常量定义数组 a 的数组元素个数，以方便修改。

② 在 main 函数中给数组 a 输入数值。

③ 输入开始交换数据的下标位置 m。

④ 输入需要逆序的数组元素个数 n。

⑤ 编写逆序的函数 reverse 实现数组元素的交换，其中数组名 a、开始交换的位置 m 和需要交换的元素的个数 n 作为函数的实参。则对应的形参也应该是数组名(或指针)和两个整型变量(设 pm 代表起始下标位置，pn 代表需要逆序的数组元素个数)。

⑥ 编写 reverse 函数时：

* 将指针变量 pstart 指向需交换数组元素的起始位置，将指针 pend 指向需交换数组元素的尾部。

* 将 pstart 所指向的元素与 pend 所指向的元素通过调用 swap 函数进行交换，然后将 pstart 增 1 指向其后面一个元素，pend 减 1 指向其前面一个元素，直到首尾元素交换的次数大于等于须交换的数据个数的一半为止。

⑦ 交换结束后，在 main 函数中依次输出交换后的数组元素。

主要代码如下：

```
pstart = &a[pm];            /* pstart 指向需交换数组元素的起始位置 */
pend = &a[pm + pn − 1];     /* pend 指向需交换数组元素的末尾位置 */
for(i = 0;i < pn/2;i++)
{
    swap(pstart,pend);
    pstart++;
    pend−− ;
}
```

(3) 常见问题分析。

① 指出下面程序错误的原因。

```
# include "stdio. h"
void main( )
{
    int x = 10, y = 5, * px, * py;
    px = py;
    px = &x;
    py = &y;
    printf(" * px = % d, * py = % d, * px, * py);
}
```

分析：语句 px＝py;有错误。因为 py 是指针变量，没有被赋值，C 语言规定不能将未赋值的指针赋值给另一个指针变量。

② 指出下面程序错误的原因。

```
#include <stdio.h>
void main()
{
    int a,b;
    scanf("%d%d",&a,&b);
    int *px, *py;
    px = &a;
    py = &b;
    printf("*px=%d, *py=%d\n", *px, *py);
}
```

分析：语句 int *px, *py;位置不正确，其他语句应该放在定义语句之后。因此这条语句应该上移到输入语句之前。

③ 指出下面程序错误的原因。

```
#include <stdio.h>
void main()
{
    int a[5], *p,i;
    for(p=a;p<a+5;p++)        /*通过移动指针p的位置来引用数组元素的地址*/
        scanf("%d",p);
    for(i=0;i<5;i++)
        printf("%d  ",p[i]);
}
```

分析：第二个 for 循环前缺少语句 p=a;，因为执行第一个 for 循环后，指针 p 的指向已经超出了数组 a 的范围，需要使其重新指向数组 a 的首地址。

四、实验思考题

如果将设计型实验 1 改为将 10 个数从大到小排序，用原来的算法还方便吗？应该用哪个算法好？

实验 8 　结构体变量的定义和使用

一、实验目的

(1) 掌握结构体类型和结构体变量的定义方法。
(2) 掌握结构体数组的概念和使用。
(3) 能正确使用结构体变量和指针作为函数参数。

二、实验内容及要求

1. 基础型实验

(1) 下面程序完成的功能是从键盘输入两个学生的信息并输出,请补充完整程序,并上机运行,理解使用结构体数组作为函数参数的参数传递方式。

```
# include < stdio. h >
struct student
{
  char number[6];
  char name[6];
  int   score[3];
} stu[2];
void output(struct student stu[2]);
void main()
{
  int i, j;
  for(i = 0; i < 2; 【1】 )
  {
    printf("请输入学生 % d 的成绩: \n", i + 1);
    printf("学号: ");
    scanf(" % s", 【2】 .number);
    printf("姓名: ");
    scanf(" % s", stu[i].name);
    for(j = 0; j < 3; j++)
    {
      printf("成绩 % d.   ", j + 1);
      scanf(" % d", 【3】 .score[j]);
    }
    printf("\n");
  }
  output(stu);
}
```

```
void output(struct student stu[2])
{
  int i, j;
  printf("学号  姓名  成绩1  成绩2  成绩3\n");
  for(i = 0; i < 2; i++)
  {
    【4】 ("% - 6s% - 6s", stu[i].number, stu[i].name);
    for(j = 0; j < 3; j++)
      printf("% - 8d", stu[i].score[j]);
    printf("\n");
  }
}
```

（2）理解第 9 章习题解答中程序设计题第 3 题的程序，上机运行，并分析它的运行结果。

2. 设计型实验

某单位有 N 名职工，每位职工的信息包括职工号、姓名、工龄、基本工资、奖金、扣款和实发工资。从键盘按职工号顺序输入 N 名职工信息（实发工资除外），计算每位职工的实发工资，按实发工资从高到低排序，输出排序后的职工全部信息。

3. 提高型实验

编写程序对一组学生的信息进行管理。其中学生信息包括学生的学号、姓名、性别、年龄、成绩、地址等，要求程序具有插入、删除、查找、按学号排序等功能。要求所有的功能，包括输入、输出功能都通过函数实现。

三、实验指导

1. 设计型实验

（1）设计分析。

题目中的职工信息包含一组类型不同的相关数据，需要通过结构体类型来描述。而要对 N 名职工信息进行管理，则需要定义结构体数组来实现。可使用结构体数组在函数间传递参数，实参为结构体数组或结构体指针，形参也可以是结构体指针或结构体数组；交换时的中间变量要使用结构体变量 t，因为 C 语言允许两个相同的结构体变量相互赋值，避免了在成员级上进行交换。在整个程序设计过程中，不同情况下对结构体变量的不同访问方式是需要特别加以注意的。

（2）操作指导。

① 为调试方便，定义符号常量 N 表示职工人数，增强程序的通用性。

② 根据题意，定义职工结构体。

```
struct worker
{
    int num;                    /*职工号*/
    char name[20];              /*工龄*/
    float jbgz;                 /*基本工资*/
    float jj;                   /*奖金*/
    float kk;                   /*扣款*/
```

```
    float sfgz;                    / * 实发工资 * /
};
```

在程序中需要处理多个职工信息,故使用结构体数组: struct worker w[N]。

③ 实发工资的计算公式为: 实发工资＝基本工资＋奖金－扣款。

注意: 结构体成员在引用时前面必须带结构体变量名(或结构体数组元素名),上述公式可以写为:

```
w[i].sfgz = w[i].jbgz + w[i].jj − w[i].kk;
```

其中,i 为数组的下标。

④ 可以使用冒泡法或选择法对结构体数组排序。这两种排序方法都需要通过双重循环实现,在程序中需要交换两个数组元素的值,交换需要通过执行三条赋值语句实现(结构体变量允许整体赋值),中间变量的类型必须是结构体类型。如选择法排序(假设已有定义 struct worker temp;)的主要代码如下:

```
for(i = 0;i < N − 1;i++)
{
    k = i;
    for(j = i + 1;j < N;j++)
        if(w[j].sfgz > w[k].sfgz)
            k = j;
    if(k!= i)
    {
        temp = w[i];
        w[i] = w[k];
        w[k] = temp;
    }
}
```

(3) 常见问题分析。

① 结构体变量允许整体赋值,但不允许整体输入、输出,如程序中输入职工信息时不按照成员逐一输入,会出现语法错误。

② 排序过程中的三条交换语句未使用复合语句(加{}),则 k!= i 时,三条语句都执行,而 k == i 时,后面两条语句也执行,会产生语义错误。

③ 三条交换语句的中间变量定义为简单数据类型,会出现"error C2115: ' = ': incompatible types"语法错误。

2. 提高型实验

(1) 设计分析。

该题目功能较多,适合于通过多个函数分别实现特定的功能。多个函数之间的数据传递可以通过两种途径来实现。

① 使用结构体数组作为参数进行传递。优点: 安全、每个函数的独立性较强。

② 把结构体数组定义为全局变量。优点: 方便。

(2) 操作指导。

① 根据题意,定义学生信息结构体。

结构体变量的定义和使用

② 设计插入和删除模块时,要注意数组元素的移动。

插入时,待插位置之后的数组元素从最后一个元素开始后移。设 N 为数组元素个数,i 为插入位置:

```
for(m = N - 1;m > = i;m--) s[m + 1] = s[m];
```

删除时,删除元素之后的数组元素依次往前移。设 N 为数组元素个数,i 为删除位置:

```
for(m = i;m < N - 1;m++) s[m] = s[m + 1];
```

③ 在 main 函数中设计菜单以选择相应的功能,通过在一个循环中嵌套 switch 语句实现重复选择。

(3) 常见问题分析。

① 使用结构体数组作为函数参数,函数调用时只写数组名(input(s);),而不能写成:

```
input(struct student s[10]);
```

或

```
input(s[10]);
```

② 由于程序中需要插入操作,在定义结构体数组时数组元素的个数需定义大一点,否则会造成难于排查的逻辑错误,因为 C 语言编译时不检查数组下标的越界问题。

四、实验思考题

(1) 在提高型实验中若排序时,要求对平均分相同的学生,再按照学号由大到小排序,则程序应如何修改?

(2) 在提高型实验中,如果再增加一个按学号修改学生记录的模块,那么该模块应该如何实现?

文 件

一、实验目的

(1) 理解并掌握文件和文件指针的概念。

(2) 掌握文件的打开和关闭方法以及文件的打开方式。

(3) 掌握文件的相关读写函数。

二、实验内容及要求

1. 基础型实验

(1) 在 D 盘根目录下建立一个 cj. txt 文件,从键盘输入 5 个学生的成绩(英语、计算机、数学)并将成绩存放到 cj. txt 文件中。存放格式为:每人一行,成绩间由空格分隔。

```
# include < stdio. h >
# define M  5          / * 学生人数 * /
# define N  3          / * 课程门数 * /
void main()            / * 从键盘输入学生成绩并保存到文件中 * /
{
    int i;
    FILE * fp;
    float score[M][N];                      / * 存储学生成绩 * /
    if((fp = fopen("d:\\cj. txt","w")) == NULL)      / * 创建文本文件 * /
    {
        printf("文件创建失败!请重新运行程序.\n");
        return;                             / * 终止程序运行 * /
    }
    for(i = 0;i < M;i++)
    {
        printf("请输入第 % d 学生的",i + 1);
        printf("英语成绩:");
        scanf(" % f",&score[i][0]);
        printf("计算机成绩:");
        scanf(" % f",&score[i][1]);
        printf("数学成绩:");
        scanf(" % f",&score[i][2]);
        fprintf(fp," % .1f   % .1f   % .1f\n",score[i][0],score[i][1],score[i][2]);
    }
    fclose(fp);
}
```

运行上述程序,并用记事本程序打开文件 cj. txt,对比文件内容和自己从键盘输入内容理解程序,熟悉创建文本文件的过程。

(2) 读取第 1 题所建立的 cj. txt 文件中的学生成绩,计算每个学生的三门课平均成绩,统计平均成绩大于或等于 90 分的学生人数。

```
# include < stdio. h>
void main()
{
    FILE  * fp;
    int num = 0;
    float x,y,z;
    fp = fopen ("d:\\cj. txt","r");
    while(!feof(fp))
    {
        fscanf(fp," % f  % f  % f",&x,&y,&z);
        printf(" % .1f  % .1f  % .1f\n",x,y,z);
        if((x + y + z)/3 > = 90)
            num++;
    }
    printf("分数高于 90 的人数为: % d",num);
    fclose(fp);
}
```

(3) 统计第 1 题 cj. txt 文件中每个学生的总成绩,并将每个学生的各科成绩和总分存放在 D 盘根目录下已存在的 stu. txt 文件中。

```
# include < stdio. h>
void main()
{
    FILE  * fp1,  * fp2;
    float x,y,z;
    fp1 = fopen("d:\\cj. txt","r");
    fp2 = fopen("d:\\stud. txt","w");
    while(!feof(fp1))
    {
        fscanf (fp1," % f  % f  % f",&x,&y,&z);
        printf(" % f, % f, % f, % f\n",x,y,z,x + y + z);
        fprintf(fp2," % f, % f, % f, % f\n",x,y,z,x + y + z);
    }
    fclose(fp1);
    fclose(fp2);
}
```

2. 设计型实验

(1) 从键盘输入字符存到文件 a. txt 中,直到输入"♯"为止,把文件 a. txt 的内容显示到屏幕上,并把文件 a. txt 的内容拷贝到文件 b. txt 中。

(2) 从键盘输入 5 个学生的学号、姓名和三门课的成绩(英语、计算机、数学),计算出每个学生的总分和平均分,并将上述信息存放到 stu. dat 文件中。

(3) 读出第 2 题 stu. dat 文件中的学生信息,输出总分最高的学生信息。

三、实验指导

1. 设计型实验(1)

(1) 设计分析。

题目中要新建一个 a.txt 文件,该文件被打开关闭两次。第一次打开文件的目的是写入字符,第二次打开文件的目的是读出文件内容并将内容拷贝到另外一个文件中去。

(2) 操作指导。

① 使用"w"方式打开文件,若文件不存在可以自动新建该文件。

② 字符内容的读写使用函数 fgetc 和 fputc。

③ 使用 feof 函数判断是否读到文件结尾。

(3) 常见问题分析。

① 文件的路径是一个字符串,在 C 语言中若要表示字符 '\',需要使用转义字符即 '\\'.

错误写法:

```
fp = fopen("c:\cj.txt","w");
```

正确写法:

```
fp = fopen("c:\\cj.txt","w");
```

分析:C 编译器在编译错误写法时不报错,若 cj.txt 文件不存在,则无法在 C 盘根目录下新建此文件;若 cj.txt 文件存在,则无法打开该文件。

② 文件打开后,无论是否读取内容必须关闭文件。

错误写法:

```
# include < stdio. h>
void main()
{
    int i;
    FILE * fp;
    if((fp = fopen("d:\\cj.txt","w")) == NULL)
        printf("文件创建失败!请重新运行程序.\n");
    else
        printf("文件创建成功!\n");
}
```

正确写法:

```
# include < stdio. h>
void main()
{
    int i;
    FILE * fp;
    if((fp = fopen("d:\\cj.txt","w")) == NULL)
        printf("文件创建失败!请重新运行程序.\n");
    else
        printf("文件创建成功!\n");
    fclose(fp);
}
```

分析：如果不关闭文件将会丢失数据。因为在向文件写入数据时,先将数据写到缓冲区,待缓冲区充满后才正式写入文件中。如果当数据未充满缓冲区而程序结束运行,就有可能使缓冲区中的数据丢失。使用 fclose 函数关闭文件,就是先把缓冲区中的数据输出到磁盘文件,然后才撤销文件信息区,从而避免了数据的丢失。

2. 设计型实验(2)

(1) 设计分析。

本题中 5 个学生信息数据以二进制文件的形式存放在磁盘文件 stu.dat 中,文件的打开方式为"wb"或"rb"。学生信息通过 scanf 函数从键盘输入,学生总分及平均分的计算通过结构体数组编程实现。最后将结构体数组中的内容写入到数据文件中。

(2) 操作指导。

① 题目中存放 5 个学生信息的数据类型为结构体数组。注意:学生姓名和学号均需采用字符数组表示。

② 学生信息的写入使用 fwrite 函数。

3. 设计型实验(3)

(1) 设计分析。

本题的设计步骤是先将文件中的学生数据读入到结构体数组中,在结构体数组中对总分进行排序,根据排序后最高分的数组元素下标依次输出对应下标的学生学号、姓名、三门课的成绩和总分。

(2) 操作指导。

学生信息的读出使用 fread 函数。

四、实验思考题

在实际使用数据文件的过程中,文本文件和二进制文件哪一个更适合存取大量数据?

附录 A　C 多文件应用程序的开发步骤

多文件应用程序是指该程序包含两个或两个以上的文件。下面介绍在 Visual C++集成开发环境下建立多文件应用程序的操作步骤。

1. 运行程序的开发步骤

（1）编辑工程文件。

（2）新建源文件并加入到工程中。

（3）编译和连接。

单击 Visual C++主窗口菜单栏中的"组建"→"组建"子菜单，或单击工具栏中的 ▦ 按钮，系统将对程序文件进行编译和连接，并生成可执行文件。

（4）执行。

使用"组建"菜单中的"执行"命令或单击工具栏中的 ！ 按钮，则程序开始执行。

下面详细介绍工程文件的编辑和如何将源文件加入到工程中。

2. 编辑新工程文件

（1）选择 Visual C++主窗口菜单栏中的"文件"→"新建"子菜单，出现"新建"对话框。

（2）在"新建"对话框中，选择"工程"选项卡，在出现的界面中单击 Win32 Console Application 选项。

（3）在"工程"文本框中输入所指定的工程文件名（例如：输入"test"），在"位置"文本框中输入或选择存放新工程文件的文件夹（例如，输入"D:\VC\test"），如图 A-1 所示，然后单击"确定"命令按钮。

（4）在出现的 Win32 Console Application 对话框中（如图 A-2 所示），单击"一个空工程"单选按钮（默认值），再单击"完成"命令按钮。

（5）在出现的"新建工程信息"对话框中（如图 A-3 所示），单击"确定"按钮，系统返回主窗口。

（6）输入新项目中的文件并加入到工程中。

① 从 Visual C++主窗口菜单栏中选择"文件"→"新建"菜单项，出现"新建"对话框。

② 在"新建"对话框中，选择"文件"选项卡，在出现的界面中单击 C++ Source File 选项或 C/C++ Header File 选项。

③ 在"文件名"文本框中输入文件名（例如"test. c"），勾选"添加到工程"选项，如图 A-4 所示，然后单击"确定"按钮，系统返回 Visual C++主窗口，并显示文件编辑区窗口。

④ 在文件编辑区窗口中输入源程序文件或头文件。

重复上述步骤，直到所有文件编辑完为止。

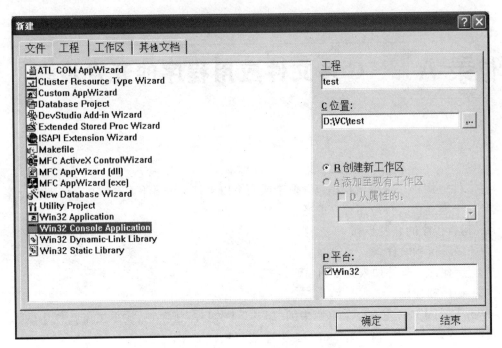

图 A-1 "工程"选项卡

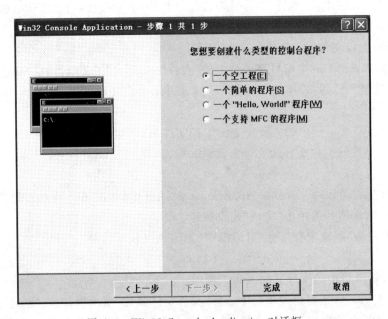

图 A-2 Win32 Console Application 对话框

3. 编辑已有工程文件

（1）选择 Visual C++ 主窗口菜单栏中的"文件"→"打开工作区"子菜单,弹出"打开工作区"对话框（如图 A-5 所示）。

（2）在"打开工作区"对话框中选择相应工作区文件（扩展名为.dsw）后,单击"打开"按钮,系统返回主窗口,打开工作区窗口和文件编辑区窗口。

图 A-3 "新建工程信息"对话框

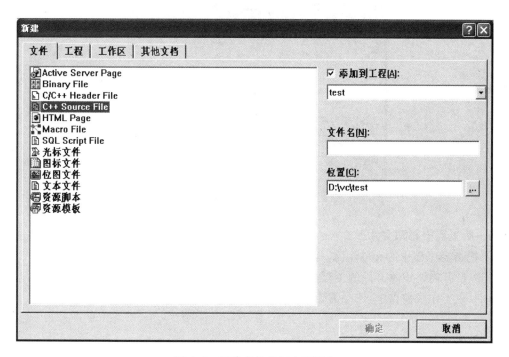

图 A-4 新建文件并加入工程中

（3）在工作区窗口中,选中要编辑的文件并双击,此时要编辑的文件在文件编辑区中显示出来。

（4）在文件编辑区中编辑修改已经打开的文件。

（5）编辑修改完后,选择"文件"→"保存工作区"子菜单,重新保存编辑修改过的文件。

C 多文件应用程序的开发步骤

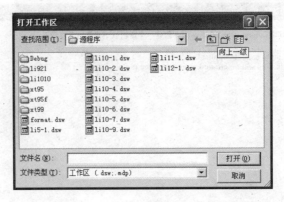

图 A-5 "打开工作区"对话框

4. 向工程中添加已经存在的文件

如果要把已经存在的源文件和头文件添加到指定的工程中,操作步骤如下。

(1) 打开需添加文件的工程。

(2) 选择"工程"→"增加到工程"→"文件"子菜单命令,在出现的"插入文件到工程"对话框(如图 A-6 所示)中,选择需要添加的文件后,单击"确定"按钮或双击需要添加的文件。

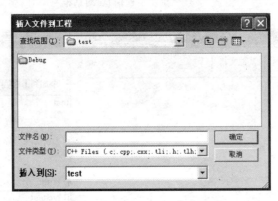

图 A-6 "插入文件到工程"对话框

5. 从工程中删除文件

要把指定工程中的文件删除,操作步骤如下。

(1) 打开需要删除文件的工程。

(2) 在工作区窗口中,选中需要删除的文件,然后按 Del 键进行删除。

附录 B 程 序 调 试

无论是初学编写程序的人,还是有经验的程序员,编写出来的程序都可能存在着这样或那样的错误。最常见的错误有语法错误、运行错误和逻辑错误。

程序中的编译和连接错误,编译器能够发现。对运行错误,系统也会在执行程序时报告。但是,程序中的逻辑错误只能通过人工测试检查并且予以修改。

Visual C++ 6.0 开发环境中集成了功能强大的调试工具,利用它们可以调试 C、C++、MFC 以及其他混合语言的应用程序,并且能设置和管理断点、查看和改变变量的值以及控制线程等。

1. 语法错误

语法错误包括关键字拼写错(例如,把 while 写成 whlie)、在语句的结尾处忘记给出分号、使用了未定义的标识符(如函数名、变量名、类名等)以及数据类型或参数类型及个数不匹配等。

上述语法错误在程序编译后,在 Output 窗口中列出所有错误项,每个错误都给出其所在的文件名、行号及其错误编号。为获得关于错误信息的进一步说明,可在 Output 窗口中单击错误代码所在的行,然后按 F1 键,此时与所选错误代码对应的主题会在帮助窗口中显示出来。

为了能快速定位到错误产生的源代码位置,Visual C++ 提供了下列的方法。

(1) 在 Output 窗口中双击某个错误,或将光标移到该错误处按 Enter 键,则该错误被高亮显示,状态栏上显示出错误内容,并定位到相应的代码行中,且该代码行的最前面有个蓝色箭头标志。

(2) 按 F4 键可显示下一错误,并定位到相应的源代码行。

(3) 在 Output 窗口中的某个错误项上,右击,在弹出的快捷菜单中选择 GoTo Error/Tag 命令。

如果在编译时出现 Error(错误)表示这是一个非改不可的错误,而 Warning(警告)表示在这个位置上出现的可能是错误,也可能不是错误,编译程序并不能确定。

一般来说,如果编译程序只提出警告,还是可以继续连接、运行程序,但这并不是一种好的做法。因为有些被提出警告的地方,在程序运行时可能会导致严重的运行错误,而对运行错误的检查和修改往往很困难。因此,建议要认真对待编译程序提出的警告信息,尽可能地消除引起警告的原因。

值得注意的是,Visual C++ 的编译程序虽然能查出错误,但对错误的说明及其位置的指定有时并不十分准确,而且一个前面出现的错误往往会引出后面若干条错误说明,所以,在检查程序和纠正错误时要特别细心。一般来说,在检查错误时,不仅要查看被指出错误出现的地方,还要查看它前面的语句行或一小段程序。在找出并改正了这个错误后,可以再一次编译程序,此时,错误的数目可能已经大大减少了。重复以上过程直至所有错误均得到纠正为止。

如果系统提示的出错信息多,应当从上到下逐一改正。有时显示出一大片错误信息往往使人感到问题严重,无从下手。其实可能只有一两个错误。例如,对所用的变量未定义,编译时就会对所有含该变量的语句发出错误信息。只要加上一个变量定义,所有的错误都消除了。

2. 运行错误

运行错误就是程序执行时出现的错误,它使正在进行的处理无法正常地结束,并且也无法在正常的环境中处理解决。错误的发生可能是由于硬件或软件的错误或数据的错误,例如,负数求开平方、溢出和内存不够等。对这类运行错误,可利用 C++ 的异常处理(exception handling)机制发现和纠正,也可利用 Visual C++ 中提供的调试器进行相应的调试动作。关于运行错误的处理在此不作更深入的讨论。

3. 逻辑错误

程序运行后得不到预期的结果,一般是由程序描述错误引起的,通常把这类错误称为逻辑错误。

找出逻辑错误的方法之一是采取"分段检查"的方法。在程序不同的位置设几个 printf 函数语句,输出有关变量的值,逐段往下检查。直到找到在某段中的数据不对为止。这时就把错误局限在这一段中了。不断缩小"查错区",就可能发现错误所在。

Visual C++ 提供的 debug(调试器)工具,可跟踪流程并给出相应信息,使用更为方便。

4. 调试器的使用

利用调试器可以帮助找到程序开发中可能产生的所有错误。调试器的主要调试手段有设置断点(Breakpoint)、跟踪(Trace)和观察(View)。

1) 断点的设置与使用

所谓断点就是程序运行时需要暂时停止运行的语句,设置断点的目的是告诉调试器运行到这行语句时暂时停止下来,以使程序员能够观察程序中的变量、表达式以及内存、寄存器和堆栈的值,进而了解程序的运行情况,并决定下一步如何跟踪程序的运行。

设置断点就是在某个代码行前加一个标记,方法是在打开的源程序中,把光标移到要设置断点的语句行上,并按下 F9 键,或单击 Build 工具栏上的 🖐 按钮。也可以在要设置断点的位置上单击鼠标右键,在弹出的快捷菜单中选择 Insert/Remove Breakpoint 命令设置断点。可以在程序中设置多个断点。一旦断点设置成功,则断点所在语句行的最前面的窗口页边距上有一个深红色的实心圆点。若要取消一个断点,只要在断点所在的代码行中再使用上述的快捷方式进行操作即可。另外,还可以执行"编辑"→"断点"菜单命令,在打开的Breakpoints 对话框中设置断点。

2) 启动调试器

当文件编辑区已经打开程序时,选择"组建"→"开始调试"子菜单命令,在弹出的级联子菜单中选择启动调试器运行的方式。该子菜单的 4 个选项如下。

(1) Go:从当前语句开始执行程序,直至遇到一个断点或程序结束。当用 Go 命令启动调试器时,程序执行是从头开始的。

（2）Step Into：单步执行程序中的每一个语句,并在遇到函数调用时进入函数体内单步执行。

（3）Run to Cursor：使程序在运行到当前光标所在位置时暂时停止下来。这相当于在当前光标处设置了一个临时断点。

（4）附加到当前进程：将调试器与当前运行的某个进程联系起来,这样就可以跟踪进入进程内部,就像调试应用程序一样调试运行中的进程。

进入调试状态后,菜单栏上的组建菜单项变成调试菜单项,如图 B-1 所示,主窗口中出现调试工具栏。使用调试菜单可以对程序进行调试。

调试菜单有 4 组命令,以下简要介绍它们的主要功能。

第一组命令用于启动或停止调试。

① Go：开始程序的执行或继续被中断（或暂停）程序的执行。

② Restart：启动程序的执行,并使系统处于调试状态中。

③ Stop Debugging：停止调试执行程序。

④ Break：中断程序的调试执行。

⑤ Apply Code Changes：接受程序代码的修改。

第二组命令用于设置跟踪状态。

① Step Into：单步执行程序,即逐个语句执行；当调用函数时,进入该函数体内逐个语句执行。

② Step Over：单步执行程序,把函数调用作为一步,即不进入函数体内跟踪。

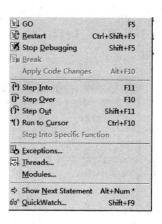

图 B-1　Debug 菜单

③ Step Out：从被调用函数内跳出,继续执行调用语句的下一条语句。

④ Run to Cursor：执行程序到当前光标处。

⑤ Step Into Specific Function：进入指定函数。

第三组命令提供一些高级调试工具。

① Exceptions：意外事件处理。

② Threads：多线程处理。

③ Modules：当前程序使用的模块信息（名字、地址和路径）列表。

第四组命令用于观察当前程序执行在内存的状态。

① Show Next Statement：显示相关状态（该命令与"查看"菜单中的"调试窗口"命令相同,用于打开各调试窗口。但它没有下拉菜单,通过快捷键 Alt＋Num 可打开各观察窗口。其中 Num 为 0,2～8 的整数）。

② QuickWatch：添加观察变量或表达式。

3）调试工具栏

调试工具栏提供"调试"菜单主要命令的快捷方式。打开调试工具栏的方法是：右击 IDE 主窗口的工具栏,从弹出的关联菜单中选择"调试"菜单项。这时调试工具栏（如图 B-2 所示）立即出现在工具栏区内。

调试工具栏中包含 16 个按钮,只要把鼠标指针指向这些按钮,并且稍微停留,就可以显示出命令的名称。此时,用户可以使用该工具栏上的按钮进行程序调试。

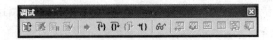

图 B-2 调试工具栏

4）调试窗口

在调试程序的过程中，当暂停程序执行时，需要观察目前状态下程序中某些变量和表达式的值，Visual C++提供了一系列窗口显示相关的调试信息，以帮助找出程序中存在的错误。调试窗口的显示和隐藏可通过右击工具栏的快捷菜单命令进行，也可借助"查看"菜单下的"调试窗口"子菜单访问它们。常用的调试窗口有 QuickWatch、Watch 和 Variables 窗口，开始调试应用程序时，Watch 和 Variables 两个窗口被自动地显示出来（默认情况下），如图 B-3 所示。

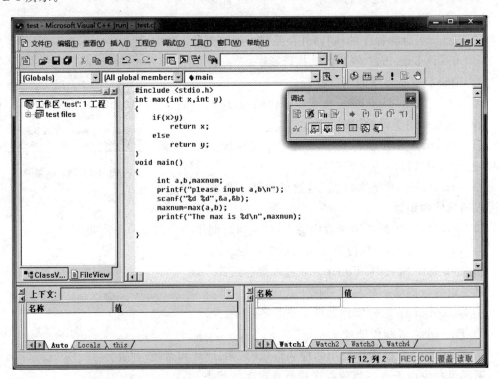

图 B-3 调试窗口

（1）QuickWatch 窗口的使用。

QuickWatch 窗口是用来快速查看或修改某个变量或表达式的值。在启动调试器后，选择调试菜单中的 QuickWatch 命令或按 Shift+F9 快捷键，将打开如图 B-4 所示的窗口。

其中，"表达式"框中可以输入变量名或表达式，而后按 Enter 键或单击"重置"命令按钮，就可以在"当前值"列表中显示出相应的值。若想要修改其值的大小，则可按 Tab 键或在列表项的 Value 域中双击该值，再输入新值按 Enter 键就可以了。

单击"添加监视"命令按钮可将刚才输入的变量名或表达式及其值显示在 Watch 窗口中。

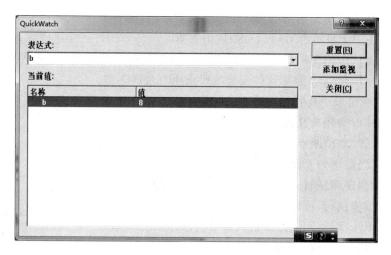

图 B-4　QuickWatch 窗口

（2）Watch 窗口的使用。

选择"查看"→"开始调试"→Watch 子菜单命令，则显示如图 B-5 所示的 Watch 窗口，该窗口用于观察指定变量或表达式的值。它包含 4 个标签，可以把要查看的变量或表达式添加到其中的某个标签上。方法是：选中某个标签中的一个空白矩形框，在左边的 Name 域中输入变量或表达式，按回车键后相应的值出现在右边的 Value 域中。如果输入的是数组或结构这种集合类型，在名字的左边将显示一个"＋"号。单击这个"＋"号，可展开显示数组的数组元素或结构变量的成员。

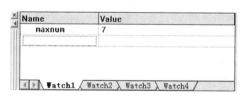

图 B-5　Watch 窗口

（3）Variables 窗口的使用。

Variables 窗口用于观察断点处或其附近变量的当前值。选择"查看"→"开始调试"→Variables 子菜单命令，则显示出如图 B-6 所示的 Variables 窗口。它有以下三个标签。

① Auto 标签用于显示当前执行的语句及上一条语句中使用的变量的值，还显示在执行 Step Over 或 Step Out 调试命令时从函数过程返回的值。

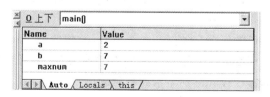

图 B-6　Variables 窗口

② Locals 标签用于显示当前函数中局部变量的值。

③ this 标签用于显示由 this 指针指向的对象。

Variables 窗口中的变量是由调试器自动输入和调整的,而前面介绍的 Watch 窗口中的变量是由用户手工输入的,删除这些变量也要由用户自己来做。

在 Variables 窗口中查看和修改变量数值的方法与 Watch 窗口相类似,这里不再重述。

5) 调试程序时常用的功能键

(1) F9:设置/取消断点。

(2) F5:从当前语句开始执行,直到遇到断点或程序结束。

(3) F4:在程序调试时,使程序运行到当前光标所在处。

(4) F11:单步执行,可跟踪进入函数内部。

(5) F10:单步执行,不能跟踪进入函数内部。

(6) Shift+F5 组合键:终止程序的调试运行。

下面结合一个实例介绍一般 C 程序的调试过程。

建立一个项目文件后,输入如下程序:

```c
#include <stdio.h>
int max(int x, int y)
{
    if(x > y)
        return x;
    else
        return y;
}
void main()
{
    int a, b, maxnum;
    printf("please input a,b\n");
    scanf("%d %d", &a, &b);
    maxnum = max(a, b);
    printf("The max is %d\n", maxnum);
}
```

(1) 将光标移到 main 函数的第 4 行,按 F9 键,在该行设置一个断点。在此行加入断点的作用是可通过 Watch 窗口观察变量 a 和 b 在调用函数 max 之前是否正确,还可以观察设置断点的行执行后所得到的变量 max 的值是否正确。

(2) 使用"组建"菜单中的"开始调试"命令启动调试器,按 F5 键在调试状态下运行该程序。执行到 scanf 函数时,输入"2"和"7"。然后程序执行到断点处暂停,如图 B-7 所示。应注意的是,此时的断点行并未执行。

此时,系统在编辑窗口的底部自动打开两个窗口,左侧的是 Variables 窗口,用于显示当前可见变量的值,如可看到变量 a 的值为 2,变量 b 的值为 7;右侧是 Watch 窗口,单击后可以输入要查看值的变量名,在 Value 列显示此变量的值,按 Del 键可删除此变量。

也可以用 Alt+3~Alt+8 组合键打开其他窗口,查看当前程序的执行情况。

在程序调试状态,当鼠标进入程序的某个标识符时,系统将显示该对象的简要信息。例如,函数的地址及原型;变量、常量的当前值,还可以显示被选取的表达式的值。

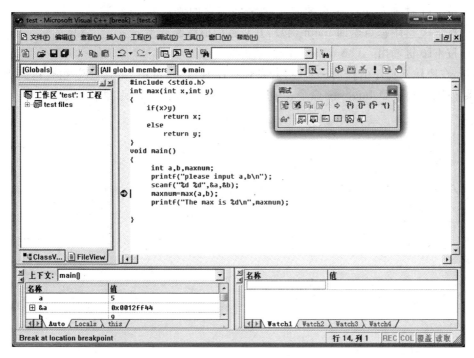

图 B-7　设置断点后的跟踪窗口

（3）使用调试工具的各个命令跟踪程序。

① 按 F11 键单步执行进入函数的内部，检查传入函数 add 的形参 x、y 的值，如图 B-8 所示。

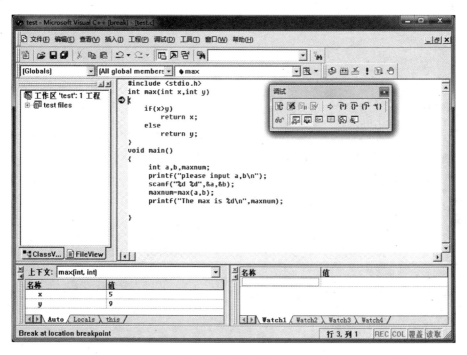

图 B-8　单步跟踪窗口

② 按 F11 键进入 max 函数的内部,检查各变量的值是否正确。

③ 按 F10 键跟踪点返回 main 函数,并将返回值赋给变量 c。

④ 按 F10 键输出：The max is 7,结果正确。

（4）在跟踪到程序的任何一步时,若发现程序有错误,可用 Shift＋F5 组合键或者使用调试菜单中的 Stop Debugging 命令,终止程序的执行,改正错误后,再重新运行。

附录 C

Visual C++ 6.0 编译、连接中常见的错误信息

1. fatal error C1004：unexpected end of file found

编译程序在还没有分辨出程序结构的情况下，遇到了源文件尾。例如，一个函数或一个结构定义缺少"}"；在一个函数调用或表达式中括号没有配对出现，等等。

2. fatal error C1083：Can not open filetype file："file"：message

在打开指定文件时发生的错误。引起错误的原因主要有以下几个。

（1）文件或文件所在的子目录（磁盘）为只读。

（2）没有足够的文件句柄。可以关闭一些已经打开的应用程序，然后重新编译。

（3）试图打开一个用户没有权限的文件或目录。

（4）如果打不开一个包含文件，请检查 INCLUDE 环境变量是否设置正确及文件名的拼写是否正确。

（5）在一条♯include 命令中，用双引号括起一个全路径说明将导致不搜索标准目录。

3. error C2001：new line constant

如果在下一行继续写出本行的字符串常量，那么必须使用"\"或""""。

4. error C2006：♯include expected a file name，found"语言符号"

在一条♯include 命令中，缺少需要的文件名说明。

5. error C2015：too many characters in constant

一个字符型常量包含两个以上的字符。字符型常量被限制为包含一个字符（标准的字符常量）或两个字符（长字符常量）。

6. error C2039："标识符"：is not a member of "标识符"

使用了一个结构体或共用体的非成员。例如：

```
struct ST{
    int mem0;
    }ps;
void main()
{
    ps.mem1 = 0;;      (错误,mem1 不是一个成员)
    ps.mem0 = 0;       (正确)
}
```

7. error C2040："操作符"："标识符 1"differs in levels of indirection from "标识符 2"

与指定的操作符相关的表达式有间接的不一致的级别。如果两个操作数都是算术型的

或都不是,在运算时不对它们进行任何改变。但如果一个操作数是算术型,另一个不是算术型,算术操作符将被转换为其他类型的操作符。

8. error C2057: expected constant expression

从上下文看,此处需要一个常量表达式。

9. error C2058: constant expression is not integral

从上下文看,此处需要一个整型常量表达式。

10. error C2059: syntax error:"语言符号"

这是由语言符号引起的语法错。造成错误的原因有时是语法错或拼写错。例如:

```
void main(            /* 缺少') '*/
{
}
```

11. error C2063:"标识符": not a function

没有把给定的标识符声明为函数,但却把它当作一个函数来使用。

12. error C2064: term does not evaluate to a function

通过表达式调用了一个函数,但却无法得到一个函数指针。这种错误可能是由于试图调用一个不存在的函数引起的。

13. error C2065:"标识符": undeclared identifier

所指出的标识符未声明。在使用一个变量之前,必须在一个声明中指出变量的类型。对函数的参数也必须在函数使用前,在一个声明或函数原型中指定。

14. error C2069: cast of "void"term to non-"void"

试图把一个 void 类型的项转换为另一种类型。不能把 void 类型转换为其他任何类型。

15. error C2082: redefinition of formal parameter "标识符"

函数的一个形参在该函数的函数体内被重复声明。

16. error C2084: function "函数" already has a body

函数已经被定义过。

17. error C2100: illegal indirection

对一个非指针值使用了间接运算符"*"。

18. error C2133:"标识符": unknown size

声明了一个不明大小的数组。例如:

```
void main()
{
    int a[];        /* 错误,不明大小的数组 */
}
```

19. error C2181: illegal else without match if

代码中包含一个没有与 if 匹配的 else。

20. error C2202:"函数": not all control paths return a value

指定函数潜在地有不返回值的情况。例如:

```
int func(int i)
{
```

```
if(i) return 3;          /* 错误,如果 i==0,没有返回值 */
}
```

21. error C2371："标识符"：redefinition；different basic types
指定的标识符已经声明过。例如：

```
void main()
{
  int i;
  float i;              /* 错误,重复定义 */
}
```

22. error C2440："变换"：can not convert from "类型 1" to "类型 2"
编译程序不能从"类型 1"变换到"类型 2"。下面是这种错误的例子：

```
void main()
{
  int * i;
  float j;
  j = float(i);         /* 不能从指向 int 的指针变换到 float */
}
```

23. error C2446："操作符"：no conversion from "类型 1" to "类型 2"
编译程序不能把"类型 1"转换为"类型 2"。下面是这类转换错的两个例子。
（1）把一个 int 转换为一个指向 char 的指针,不仅没有意义,而且也不允许。
（2）把一个指向 const 对象的指针转换为一个指向非 const 对象的指针是不允许的,如果得到这样的指针,就可以通过它改变 const 对象,这将破坏 const 所设的警戒线。

24. error C2248："标识符"：function-style initializer appears to be a function definition
所指出的函数定义不正确。这种错误可能是因为使用了老式的 C 语言的形参表而引起的。例如：

```
void func(c)
int c;
{}                      /* 错误 */
```

25. error C2446：can not allocate an array of constant size 0
分配或声明了一个大小为 0 的数组。用于指定一个分配或声明数组大小的常量表达式必须是大于 0 的整型表达式。

26. error C2601："函数名"：local function definitions are illegal
试图在一个函数中定义函数。

27. error C2632："类型 1" followed by "类型 2" is illegal
两个类型说明符间缺少代码。例如：

```
int float i;            /* 错误 */
```

28. error C2660："函数"：function does not take number parameters
在调用指定的函数时,给出的实参个数不对。

Visual C++ 6.0 编译、连接中常见的错误信息

29. error C2664："函数"：can not convert parameter number from "类型 1"to"类型 2"

不能把指定函数的指定参数转换为要求的类型。

30. warning C4067：unexpected tokens following preprocessor directive-expected a newline

一条预编译命令后跟有多余的字符，它们将被忽略掉。例如：

```
# include < stdio.h>;                    /*警告*/
```

31. warning C4101："标识符":unreferenced local variable

从未使用过这里指出的局部变量。

32. warning C4244："变换" conversion from "类型 1" to "类型 2" possible loss of data

当把一个长类型变换为短类型时，出现该种错误。这种错误可能会导致损失数据。例如：

```
int i = 9;
float j;
j = i;                    /*警告*/
```

33. warning C4305："标识符"：truncation from "类型 1" to "类型 2"

所指定的标识符类型被变换到更小的类型，这可能会造成信息丢失。

34. warning C4390："；"：empty controlled statement found；is this the intent？

当在一条不包含任何指令的控制语句后发现"；"时，将发出该警告。例如：

```
if(i>0);                    /*注意多余的";"*/
z = x;                    /*本打算在 i>0 时执行*/
```

35. warning C4508："函数"：function should return a value；void return type assumed

给定函数没有说明返回类型，编译程序将把函数类型假定为 void。

36. warning C4552："操作符"：operator has no effect；did you forget something？

如果一个表达式语句用一个没有副作用的操作符作为表达式最前面的操作符，可能会产生该警告。例如：

```
int i,j;
i + j;                    /*警告*/
```

可以把 i+j 用括号括起来，以消除这个警告。

37. warning C4700：local variable "变量名" used without having been initialized

使用了一个没有先赋值的局部变量，这会导致不可预料的结果。

38. error C4716："函数" must return a value

给出的函数没有返回一个值。仅当函数类型为 void 时，才能使用没有返回值的返回命令。当调用一个非 void 类型，且没有返回值的函数时，将返回一个不确定的值。

39. fatal error LNK1120：number unresolved externals

LNK1120 给出了本次连接中未决外部符号的个数，在此错误信息前面的 LNK2001 中描述了引起未决外部符号的原因（每个未决外部符号对应一个 LNK2001）。

40. error LNK 2001：unresolved external symbol"符号"

如果连接程序不能在它所搜索的所有库或目标文件中找到相关的内容（例如函数、变量或标号），就会出现这个错误。通常，造成这种错误的原因有两个：一是代码请求的内容不存在（例如符号拼写错）；二是代码请求了错误的内容（例如把库的版本搞混了）。

参 考 文 献

[1] 胡建平.Ｃ语言程序设计学习指导[M].北京：清华大学出版社,2009.

[2] 高等学校计算机基础实验教学课程建设报告[M].北京：高等教育出版社,2010.

[3] 颜晖,柳俊.Ｃ语言程序设计实验与习题指导[M].2 版.北京：高等教育出版社,2008.

[4] 罗坚,王声决.Ｃ语言程序设计实验教程[M].北京：中国铁道出版社,2009.

[5] 张建宏,唐国民.Ｃ语言程序设计实践教程[M].北京：清华大学出版社,2009.